配电线路现场操作口诀100例

殷乔民　编著

中国电力出版社
CHINA ELECTRIC POWER PRESS

图书在版编目（CIP）数据

配电线路现场操作口诀100例/殷乔民编著．北京：中国电力出版社，2010.7（2019.11重印）
ISBN 978-7-5123-0426-0

Ⅰ．①配…　Ⅱ．①殷…　Ⅲ．①配电线路-基本知识　Ⅳ．①TM726

中国版本图书馆CIP数据核字（2010）第086082号

中国电力出版社出版、发行
（北京市东城区北京站西街19号　100005　http://www.cepp.sgcc.com.cn）
三河市百盛印装有限公司印刷
各地新华书店经售
*
2010年7月第一版　2019年11月北京第六次印刷
880毫米×1230毫米　64开本　4.0625印张　124千字
印数14001—15000册　定价15.00元

内 容 提 要

口诀具有工整、简练、流畅、合辙押韵的特点，将口诀应用到电工技术学习中，可使本来枯燥的电工理论和数据等变得有趣、好记、易学。作者根据多年工作实践和教学经验并参考有关资料，针对供电企业生产实际，编写了本书。

本书主要内容包括架空配电线路设计、架空配电线路施工、架空配电线路常见故障分析及处理、电力电缆线路常见故障分析及处理、配电设备常见故障分析及处理五章，共100多条口诀。

本书可供供电企业配电线路工、供电所电工、农电管理人员使用，对工矿企业电工、机关事业单位电工、电气技术人员也很有参考价值，也可作为配电线路工培训的辅助教材。

前言

口诀具有工整、简练、流畅、合辙押韵的特点，将口诀应用到电工技术学习中，可使本来枯燥的电工理论和数据等变得有趣、好记、易学。作者根据多年工作实践和教学经验，针对供电企业生产实际，编写了本书。

本书针对电工在配电线路工作中碰到的各种计算问题、出现的各种故障，总结成速算、诊断口诀，以便读者读得懂、记得牢。实践证明，学习电工技术的过程中，引入一些电工口诀，既简便，又易于心算，将许多抽象乏味的知识变得生动有趣，易于掌握，还能充分调动学习的积极性和自觉性，有利于制造一种轻松的学习气氛，提高电工人员的学习兴趣。

本书主要内容包括架空配电线路设计、架空配电线路施工、架空配电线路常见故障分析及处理、电力电缆线路常见故障分析及处理、配电设备常见故障分析及处理五章，共100多条口诀。

这100多条口诀只是抛砖引玉，更多的是希望广大同行们能够发表一些在实践中的心得与见解，搜集实际工作中使用的类似口诀，以便使其更加丰富和实用。希望本书可以为大家带来工作和学习上的方便。

在编写本书时，编者参考了同行的一些相关资料，多名在电力行业有着深厚造诣的前辈们提供了宝贵的实践经验，在此一并表示衷心的感谢。同时，由于编者水平所限，时间仓促，书中缺点和错误之处在所难免，敬请读者批评指正，以便今后进一步修订、补充完善。

编　者

2010 年 7 月

目录

前言

第一章 架空配电线路设计

第二章　架空配电线路施工

第三章　架空配电线路常见故障分析及处理

第四章 电力电缆线路常见故障分析及处理

第五章　配电设备常见故障分析及处理

第一章

架空配电线路设计

口诀1　架空配电线路的组成

电杆、导线、绝缘子，金具、铁件不分离。
针瓶、悬垂和茶台，按照杆型来选择。
常用拉线有四种，结构各异用不同。
金具多种配套选，按规组装保安全。

说明

(1)“电杆、导线、绝缘子，金具、铁件不分离”是指：一般来说，架空线路主要由电杆、导线、绝缘子、金具、铁件和拉线等组成。线路金具是用来连接导线，安装横担和绝缘子以及拉线和杆上的其他电力设施的金属辅助元件。金具、铁件总是相互配套使用的。

(2)“针瓶、悬垂和茶台，按照杆型来选择”是指：绝缘子用来固定导线用，并使带电导线之间与大地之间绝缘，因为绝缘子要承受高压和机械力的作用，还要受大气变化的影响。所以对于绝缘子不仅应满足绝缘强度和机械强度的要求，还需能承受温度的骤变。绝缘子按其形式可分为针式、悬式、蝶式绝缘子和陶瓷横担，应根据杆型结构作用而选用。

(3)“常用拉线有四种，结构各异用不同”是指：常用拉线的种类有：

1）普通拉线。用在终端杆、转角杆、分支杆等处，主要用来平衡固定性的不平衡拉力。一般和电杆成45°角，如果受地形限制，则不应小于30°、大于60°。

2）人字拉线。由两根普通拉线构成，装在线路垂直方向电杆的两侧，多用于中间直线杆，用来加强电杆防风倾倒的能力。

3）水平拉线。又称高桩拉线，在不能直接做普通拉线的地方，如跨越道路等地方，可作水平拉线。

4）弓形拉线。又叫自身拉线。为防止电杆弯曲，因地形或周围自然环境的限制不能安装普通拉线时，一般情况下可安装弓形拉线。

(4)“金具多种配套选，按规组装保安全”是指：线路金具是用来连接导线、安装横担和绝缘子以及拉线和杆上的其他电力设施的金属辅助元件。

架空电力线路金具主要有：

1）悬垂线夹。架空电力线路的悬垂线夹用于将导线固定在绝缘子串上或将避雷线悬挂在直线杆塔上，亦用于换位杆塔上支持换位导线，耐张、转角杆塔上固定跳线。

2）耐张线夹。用来将导线或避雷线固定在非直线杆塔的耐张绝缘子串上，起锚固作用，亦用来固定拉线杆塔的拉线。按结构和安装条件的不同，耐张线夹大致可分为两类：①线夹要承受导线和避雷线（拉线）的全部拉力，不作为导体，导线安装后还可拆下，另行使用；②耐张线夹为导体，线夹一旦安装后，就不能再进行拆卸，又称为死线夹。

3）联结金具。用来将悬式绝缘子组装成串，悬挂在杆塔上，如直角挂板、平行挂板、U形挂环等。

口诀2　架空线路路径选择要点

方便机耕少占田，跨越要少线路短。
考虑规划和发展，施工维修要方便。
山洪、洼地、易撞段，易燃易爆离得远。

说明

DL/T 5220—2005《10kV 及以下架空配电线

路设计技术规程》规定，配电线路的路径和杆位的选择应符合下列要求：

(1) 不占或少占农田。

(2) 路径短，跨越和转角少，施工、运行和维修方便，力求经济合理。

(3) 与城镇、村规划相协调，与配电网络改造相结合。

(4) 尽量靠近道路。

(5) 避开洼地、冲刷地带以及易被车辆碰撞等地段。

(6) 避开有爆炸物、易燃物和可燃液（气）体的生产厂房、仓库、贮罐等。

口诀3　各种转角杆型横担组装要求

各种杆型选横担，转角度数定方案。
十五度下转角杆，不做耐张双横担。
一五、四五转角杆，耐张处理双横担。
四五以上转角杆，采用耐张十字担。

说明

(1) DL/T 5220—2005 规定，配电线路的转角杆横担应根据受力情况确定。

(2) 一般情况下转角在15°以下，可采用双担双针式绝缘子。

(3) 15°～45°转角杆，宜采用双横担的并作耐张处理。

(4) 45°以上的转角应采用双层耐张横担，横担呈十字形，并作耐张处理。

口诀4 同杆架设高、低压线路横担之间的最小垂直距离

同杆高低双路线，最好来自同一源。
担间距离怎么算，最小以下数据选。
直线电杆一米二，分支转角一米远。
同杆高压与高压，零点八米上下担。

说明

为保证施工和工作安全及感应电影响，同杆架设线路横担间应有一定距离。

DL/T 5220—2005 规定：同杆架设的高压配电线路和低压配电线路应是同一回电源，检修时能够同时停电。同杆架设的双回线路或高、低同杆架设的线路，横担间的垂直距离应满足：高压与低压不应小于 1.2m；分支转角杆不应小于 1.0m；高压与高压不应小于 0.8m。

口诀5 同杆架设多回低压线路横担之间的最小垂直距离

同杆低压多路线，必须来在同电源。
保证安全感应电，担间垂距要求严。
直线电杆零点六，分支转角零点三。
低压下面架弱电，上下垂距一米半。

说明

DL/T 5220—2005 规定：

(1) 同杆架设低压多条路线，为保证安全必须来在同一电源。

(2) 多条回路的低压线路同杆架设时，为了避免各线路之间相碰发生短路，各回路用的横担之间必须保持一定的垂直距离。

(3) 横担之间垂直距离的最小值：对于直线杆，应为 0.6m；对横担较多的分支杆和转角杆可以适当减少，但不得小于 0.3m。

(4) 为了节约投资，当要在低压线路电杆上架设弱电线路（例如广播、电话、有线电视）时，低压电力线路应在弱电线路上方，并且两者横担之间必须保持 1.5m 及以上的垂直距离。

口诀6　10kV架空线路不同档距时最小线间距离

导线之间水平距，档距大小不同数。

档距六十零点七，五、四十去点点五。

八十档距点八五，九十加上点点五。

档距一百最好记，满足一米水平距。

说明

DL/T 5220—2005 规定：

(1) 为防止导线短路，架空线路导线的线间距离规程都作了具体要求，架空线路的档距越大，其线间距离也相应地要增大。

(2) “档距六十零点七，五、四十去点点五”是指：档距为 60m 时，线间距离为 0.7m；档距为 50m 时，线间距离减去 0.5m，即为 0.65m；档距为 40m 时，再减 0.5m，即为 0.6m。

(3) “八十档距点八五，九十加上点点五”是指：档距为 80m 时，线间距离为 0.85m；档距为 90m 时，线间距离为 0.9m。

(4) “档距一百最好记，满足一米水平距”是指：当档距为 100m 时，线间距离为 1m。

口诀7　水泥电杆埋设深度

电杆埋深多合适，杆长除十加点七。

十五以上有误差，数值最准加点八。

遇有松沙和土软，稳固采用地卡盘。

说明

(1) 电杆的埋设深度应根据电杆的材料、高度、承力和当地的土质情况而定。根据运行经验和DL/T 5220—2005规定，电杆埋设深度应符合表1-1的规定。

表1-1　8～18m杆共8个规格电杆埋设深度　m

电杆高度	8	9	10	11	12	13	15	18
电杆埋设深度	1.5	1.6	1.7	1.8	1.9	2.0	2.3	2.6～3.0

(2) 上述数据记忆不方便，根据表1-1数据总结出经验公式

$$电杆埋设深度 = 0.1H + 0.7$$

式中　H——电杆高度，m。

计算埋设深度既简单又方便，用口诀表示即“杆长除十加点七”。

例如：12m水泥电杆埋设深度，按口诀计算埋

设深度为 1.2＋0.7＝1.9（m）。

(3) 对 15m 及以上电杆，用口诀“杆长除十加点七”有一定误差，可采用“杆长除十加点八”计算更加准确。

例如：15m 水泥电杆埋设深度为 1.5＋0.8＝2.3（m）。可见，与规程规定的数据（见表 1－1）是相同的。

(4)“遇有松沙和土软，稳固采用地卡盘”是指：当遇到特殊情况时，例如较软的土层、泥沙等松软地段时，宜应采用地盘、卡盘固定，防止电杆下沉或倾倒。

口诀8　架空配电线路供电半径速算

供电线路有半径，电压高低各不同。
电压乘以一点二，即为最大供半径。

说明

配线线路供电半径影响电能质量和电网的经济运行，因此规程对各级电压的最大供电半径都作了要求。

农村变、配电站一般设在交通方便，距各村镇、用户距离大致相等的地方。农村电网主要用 0.4、6、10kV 电压供电，其配电半径估算公式为

$$R = kU$$

式中 R——配电半径，km；

U——额定电压，kV；

k——系数，一般取 k=1.2。

速算举例

分别计算供电电压为35、10、6、0.4、0.22kV时的供电半径。

35kV供电电压半径=1.2×35=42（km）

10kV供电电压半径=1.2×10=12（km）

6kV供电电压半径=1.2×6=7.2（km）

0.4kV供电电压半径=1.2×0.4=0.48（km）

0.22kV供电电压半径=1.2×0.22=0.26（km）

口诀9　水泥电杆的尺寸规格和各部位尺寸速算

锥形电杆求外径，选择附件需要用。

测出选点到梢距，每米增大一十四。

电杆梢径有多种，使用之前区分清。

说明

（1）在架空线路安装设计备料时，锥形水泥电杆的附件，如横担、拉线、抱箍、螺栓等，要知道安装点的外径。

因为水泥电杆的锥度一般为 1∶75，即长度为75mm时，粗端的直径比细端直径大1mm，计算得：当长度每增加1m，粗端比细端直径增大14mm。

(2) 选定电杆的规格后，它的杆梢直径 D 就是可知的（例如150mm）。此时若知道附件要安装的位置距杆梢的距离 X，则电杆在该点的外径，等于梢径加上选点到梢顶距离（m）乘以14，即为该点外径（mm）。

口诀“测出选点到梢距，每米增大一十四”也可用口诀“下一米增一十四”表述。

(3) 电杆梢径一般有 ϕ150、ϕ170、ϕ190 三种规格，计算时要弄清楚。

速算举例

【例1】 已知某一普通水泥锥形电杆的高度为10m，杆梢直径为150mm，求距杆梢1.2m处的直径。

解 已知据杆梢距离1.2m，杆梢径150mm，则该点外径为

$$150+14\times1.2=166.8\ (\text{mm})$$

【例2】 一根梢径12m的水泥电杆，要在距地面4.5m处安装跌落式熔断器，求算安装横担抱箍内径尺寸。

解 12m杆埋设深度2m，距地为4.5m，则杆

稍距安装横担距离为

$$12-2-4.5=5.5\,(\text{m})$$

根据口诀得

$$\text{抱箍的内径尺寸}=190+(5.5\times14)=267\,(\text{mm})$$

此时选择抱箍就要选择 ϕ270 的 U 形丝。

若使用双横担，就需用穿钉固定，穿钉螺栓应选用 $\phi16\times350$mm。

口诀10　锥形水泥电杆的重心位置速算

吊运电杆找重心，确保安全又平稳。
重心位置怎么量，零点四米乘杆长。
加上系数零点五，即为杆底重心数。

说明

架空线路立杆之前，常需确定电杆的重心位置。

(1) 架空线路施工，在起吊和运输锥形水泥电杆时，若确定好它的重心位置，确定合适吊点，并按其位置适当的布置吊运辅助装置（例如绑绳、支架等），将会使吊运安全平稳快速。

(2) 该口诀适用于 8～15m 的锥形电杆。设杆长为 L（m），则其重心大约在粗端 $0.4L+0.5$m 处，即重心位置在从电杆的底部量起，杆长乘以零点四，再加上零点五。

速算举例

【例 1】 已知锥形电杆的高度为 10m，求其重心所在位置。

解 根据口诀“重心位置怎么量，零点四米乘杆长。加上系数零点五，即为杆底重心数”。

本例电杆的长度为 10m，电杆重心位置为

$$0.4\times10+0.5=4.5\ (\text{m})$$

【例 2】 现要采用吊立法起吊一根 12m 锥形电杆，求算该电杆的重心位置。

解 根据口诀得

$$0.4\times12+0.5=5.3\ (\text{m})$$

所以电杆的重心位置在粗端 5.3m 位置。

口诀 11　配电线路常用的拉线

常用拉线有四种，自、人、过路加普通。
普通拉线最常用，平衡张力起作用。
人字拉线做加强，超过十基就要用。
电杆附近有要道，水平拉线六米超。
受力不大受限杆，就要采用垂拉线。

说明

在架空线路中，线路的转角、分支、耐张和跨越杆等均应装设拉线。拉线的种类主要有自身拉线、人

字拉线、过路拉线和自身拉线四种，如图 1－1 所示。

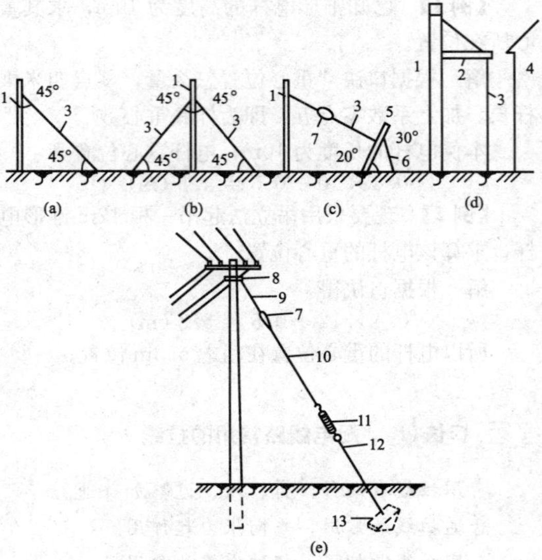

图 1－1　各种拉线的形式

(a) 普通拉线；(b) 人字形侧面拉线；(c) 水平拉线；

(d) 自身拉线；(e) 普通拉线的构造

1—电杆；2—横木（或横铁支架）；3—拉线；4—房屋；

5—拉桩；6—坠线；7—拉线绝缘子；8—拉线抱箍；

9—上把；10—腰把；11—花篮螺丝或 UT 型线夹；

12—底把（或拉线棒）；13—拉线盘（或地埋木）

（1）普通拉线。用在终端杆、转角杆、分支杆等处，主要用来平衡固定性的不平衡拉力，一般和电杆成45°角．当受地形限制时，可根据地形有所变化，但不应小于30°、大于60°。

（2）人字拉线。人字拉线是由两根普通拉线构成的，装在线路垂直方向电杆的两侧，多用于中间直线杆，用来加强电杆防风倾倒的能力，线路跨越公路、河流。通信线路及郊外配电线路连续直线杆超过10基时，应装设人字拉线。

（3）水平拉线。又称高桩拉线，在不能直接做普通拉线的地方，如跨越道路等，可做水平拉线。做法是在道路的另一侧或不妨碍人行道旁立一根拉线桩，拉线桩的倾斜角为10°～20°，在桩上做一条拉线埋入地下，拉线在电杆和拉线桩中间跨越道路等处，保证了一定的高度（一般不低于6m），不会妨碍车辆的通行。

（4）弓形拉线。又叫自身拉线。为防止电杆弯曲，因地形或周围自然环境的限制不能安装普通拉线时，一般情况下可安装弓形拉线。

口诀12 配电线路配置安装拉线的规定

三十度下转角杆，只打外侧一拉线。

六十度下转角杆，顺线两根拉线牵。
特殊情况添外侧，同样受力更安全。
九十度下转角杆，只打顺线两拉线。
线路尽头终端杆，顺线拉线在外边。
直线电杆超十基，人字拉线加强杆。

说明

根据 DL/T 5220—2005 规定及相关要求，架空配电线路拉线装设应达到下列要求：

(1) 对于转角 30°以下但不开断导线的转角杆，可以只打外侧拉线。

(2) 30°～60°转角杆，一般应打顺线路拉线，特殊情况下也可增添外侧拉线，并使其同样受力。

(3) 60°～90°转角杆和终端杆，只打顺线路拉线。

(4) 位于郊区或农村的线路，一般每隔 10 基杆有一基电杆打防风拉线。

各种拉线打好后应呈直线状，不应有松弛现象。

口诀13　拉线需用钢绞线截面的速算

线路拉线需截面，导线截面打折算。
导线材料铝绞线，拉线截面六折算。

导线钢芯铝绞线，拉线截面七折算。

二线线路再降级，二五以下不可选。

说明

(1) 拉线一般应采用镀锌钢绞线，其强度安全系数按照 DL/T 5220—2005 规定不应小于 2.0。在实际电工实践中计算导线应力比较复杂，可采用近似速算法。

(2) 三相铝绞线拉线截面简便计算公式为

$$S_{Gj} = 0.59S_{LJ}$$

即拉线用钢绞线截面为三相铝绞线截面的 60%左右。

(3) 三相钢芯铝绞线拉线截面简便计算公式为

$$S_{Gj} = 0.72S_{LGJ}$$

即拉线用钢绞线截面为三相钢芯铝绞线截面的 70%左右。

(4) 对于二线线路，利用上述速算后的钢绞线截面应降低一个导线级次，同时拉线最小规格不应小于 $25mm^2$。

通过上述计算出的拉线截面可能比平时人们使用的大一些，这是十分必要的。拉线安全系数更大，关系到施工人员人身安全，同时也关系到线路在运行中的安全。拉线截面大一些，只是拉线的安全系数更大，而对工程造价的影响甚微，完全可以接受。

速算举例

【例】 计算 LGJ－150 三相导线应配用拉线截面。

解 根据口诀“导线钢芯铝绞线，拉线截面七折算”，则钢绞线截面为

$$150 \times 0.7 = 105\ (mm^2)$$

上靠规格应选用 GJ－120 钢绞线。

口诀14 拉线棒圆钢直径速算

圆钢材料拉线棒，直径应与线相当；
绞线截面除以四，再靠规格取向上。
九五以上稍偏大，截面除五数最佳。
铝绞导线应力小，下靠一级比较好。
安全规程规定严，十六以下不可选。

说明

(1) 根据 DL/T 5220—2005 规程要求，拉线棒一般应采用圆钢材料，且截面应与采用钢绞线截面相配合，只有这样才能保证安全。

(2) 对于 95mm² 及以下钢芯铝绞线，拉线棒

直径为导线截面的 1/4。对于 95mm^2 及以上钢芯铝绞线，拉线棒直径为导线截面的 1/5。

铝绞线配用拉线棒直径，比上述计算小一个截面等级。

(3) 拉线棒的最小直径不应小于 16mm。

速算举例

【例】 一条三相 LGJ－150 钢芯铝绞线线路，拉线截面为 GJ－120，所用拉线棒应选多大直径?

解 根据口诀“九五以上稍偏大，截面除五数最佳”，拉线棒直径为

$$120 \div 5 = 24 \text{ (mm)}$$

口诀15 拉线地锚埋设深度的估算

地锚埋深多合适，线棒直径乘八十。
记住单位为毫米，最小不低一千五。

说明

拉线盘埋设深度应根据拉线所承受的最大拉力，满足安全系数大于 2 的要求。

拉线盘埋设深度经验公式为

$$\text{埋设深度(mm)} = 80 \times \text{拉线棒直径(m)}$$

拉线棒埋设深度最小不应小于 1.5m。

速算举例

【例】一拉线棒直径为24mm，求其地锚埋设深度。

解　地锚埋设深度为

$$24 \times 80 = 1920\ (mm)$$

口诀16　架空线路正常负荷电流的估算

架空线路铝绞线，允许电流多少安。
截面倍数把流算，铝线16六倍半。
25、五倍顺减半，95、120双为三。
顺号双双再减半，铜升温高九折算。

说明

(1) 对于架空导线，最常用的是铝绞线（包括钢芯铝绞线），规格截面从16mm^{2}开始。口诀“铝线16六倍半”是指16mm铝绞线，其安全电流约为截面数的6.5倍，即16×6.5=104（A）。

(2)“25、五倍顺减半，95、120双为三”是指25mm铝线的安全电流是截面积的5倍，以后顺着线号增大，倍数关系依次减少0.5倍，直到95mm^{2}和120mm^2，其安全电流都为截面数的3倍，见表1-2。

表 1-2 铝绞线的截面积与安全电流的关系

导线截面积（mm^2）	25	35	50	70	95	120
安全电流（A）	25×5	35×4.5	50×4	70×3.5	95×3	120×3

（3）口诀“顺号双双再减半，铜升温高九折算”是指顺着线号接着往上排列，电流和截面数的倍数关系为：两个两个一组减去 0.5 倍。

导线截面积与电流是截面积的倍数关系见表 1-3。

表 1-3 导线截面积与电流是截面积的倍数关系

导线截面积（mm^2）	16	25	35	50	70	95	120	150	185	240	300
电流是截面积的倍数	6.5	5	4.5	4	3.5	3	3	2.5	2.5	2	2

最后指出，口诀说的“铜升”是指如果架空导线使用的是铜线，其安全电流可按铝线升一级（即高一个线号）计算，同时还指出以上安全电流均是按环境温度 25℃ 情况下计算的，如果环境温度长期高于 25℃，可先按以上方法算出，再乘以 0.9，这就是“温高九折算”的意思。

速算举例

【例】 用 $50mm^2$ 钢芯铝绞线，该线路正常允许电流不应超过多少？

解 按口诀“25、五倍顺减半”，则 $50mm^2$ 钢芯铝绞线截面与电流是截面数的倍数关系为 4 倍。

$50mm^2$ 钢芯铝绞线的允许载流量为 $50\times4=200$（A）

口诀 17　测知线路电流，速算所载负荷容量

已知变电二次压，一安电流求千瓦。
四百伏为点六千，六千伏压瓦九千。
十千伏级十五千，三万五级五五千。

说明

（1）应用该口诀可直接看配电装置上设置的电流表，或用相应的钳形电流表测量，即可知道负荷功率是多少，十分方便，否则用常规公式来计算，既复杂，又费时间。

当测知电力变压器的二次侧电流，要算出变压器所载负荷的容量时，理论计算过程是：应用公式 $P=\sqrt{3}UI\cos\varphi$，当已知变压器二次侧的电压 U、电流 I 及功率因数 $\cos\varphi$ 时，把数据代入计算，可算

出变压器所载负荷的大小。显然，这种计算要费一定的时间，如果在现场要马上回答，是不容易的。这时可用上面的口诀快速算出答案。

（2）该口诀的含义是：二次侧电压为 400V 的变压器，则变压器的负荷为所测得的二次侧电流值乘以 0.6（kW）。二次侧电压为 6kV 的变压器，则变压器的负荷为所测得的二次侧电流值乘以 9（kW）；二次侧电压为 10kV 的变压器，则变压器的负荷为所测得的二次侧点流值乘以 15（kW）；二次侧电压为 35kV 的变压器，则变压器的负荷为所测得的二次侧电流值乘以 55（kW）。

（3）上述口诀的依据是：根据负荷功率的计算公式 $P=\sqrt{3}UI\cos\varphi$ 及电力部门对一般用户的功率因数不能低于 0.85 的要求，取 $\cos\varphi=0.85$，代入公式进行计算即可得出上面的口诀。例如 0.4kV 电流计算功率为

$$P_{0.4}=\sqrt{3}UI_{0.4}\cos\varphi=1.732\times0.4\times0.85\approx0.6I_{0.4}$$

速算举例

【例】 一条 10kV 线路负荷电流为 120A，求此时线路负荷。

解 根据口诀“十千伏级十五千”，线路负荷为

$$P=120\times15=1800\,(\text{kW})$$

口诀18　10kV线路对地设施及跨越物距离要求

架空线路十千伏，保证安全对地距。
村镇距地六米五，田间野外低一米。
公路就要七米整，在加半米距轨顶。
房屋垂直要三米，垂直一半水平离。
同压交叉满两米，低压弱电相同的。

说明

10kV线路对地面设施及跨越物距离，应保证地面人员及跨越物上人员活动时的安全要求。具体数据在DL/T 5220—2005中有详细规定。该口诀择要作了介绍。

“村镇距地六米五，田间野外低一米”是指：10kV架空配电线路在居民区，其对地距离不应小于6.5m；在非居民区不应小于5.5m，使用中要特别注意，这个距离为最小距离，小于这个距离就是违章建设。

“公路就要七米整，在加半米距轨顶”是指：高压线路跨越公路要满足7m距离，而跨越铁路就要达到7.5m。

“房屋垂直要三米，垂直一半水平离”是指：导线迫不得已必须跨越耐火屋顶的建筑物时，在最大计算弧垂情况下，不应小于 3m；线路边线与建筑物之间在最大风偏情况下，其水平距离不应小于垂直距离的一半，即 1.5m。

“同压交叉满两米，低压弱电相同的”是指：10kV 架空线路跨越 10kV 线路时，导线之间的距离不应小于 2.0m；10kV 架空线路跨越 0.4kV 线路或低压及弱电（如通信、有线电视等）线路时，导线之间距离也不应小于 2.0m。

口诀19　低压架空线路对地设施及跨越物距离要求

低压对地裸导线，对地距离最关键。
公路村庄居住地，最小距离满六米。
田间野外低一米，交通困难再去一。
房屋垂直二米半，水平最小要一米。
线下弱电和树木，安全距离满一米。

说明

(1) 低压架空线路对地面及设施的最小垂直距离应在确保地面人员安全的前提下确定。具体数据在 DL/T 499—2001《农村低压电力技术规程》中作了规定。规程规定导线对地面不应小于下列数值：

居民区：6.0m。

非居民区、有人活动田野间：5.0m。

交通困难地区（垂直）：4.0m。

(2) 低压配电线路跨越建筑物，导线与建筑物的垂直距离在最大弧垂情况下，不应小于2.5m，水平距离不应小于1m。

低压线路与树木水平和垂直距离不应小于1.0m。

低压电力线路与弱电线路交叉时，电力线路应架设在弱电线路的上方，与弱电线路的距离（垂直、水平）为1m。

口诀20　低压架空绝缘电线对地面及跨越物安全距离

绝缘导线垂直距，以下最小必满足。

集镇、村庄满六米，野外五米不小于。

建筑垂直超两米，水平距离十之一。

树梢以上零点二，水平离树零点五。

说明

DL/T 499—2001规定架空绝缘导线对地面、建筑物、树木的最小垂直、水平距离应符合下列要求：

(1) 集镇、村庄居住区（垂直）：6m。

(2) 非居住区（垂直）：5m。

(3) 建筑物（垂直）：2m。

(4) 建筑物（水平）：0.2m。

(5) 街道行道树（垂直）：0.2m。

(6) 街道行道树（水平）：0.5m。

口诀21　三相四线制供电时中性线（零线）最小截面的规定

三相四线制供电，零线截面也关键。
零线截面看相线，七零三五为界限。
七零为铝三五铜，小于相等大一半。
现代电网谐波生，零线相线最好同。

说明

(1) 在三相四线供电系统中，相线截面和中性线截面应符合规定。

(2) 中性线的最小截面要根据同电路相线的数值来决定，以相线截面为铝线 $70mm^2$ 和铜绞线 $35mm^2$ 为界限。

(3) 在界限以下时，中性线截面与相线相同；在界限以上时，可取相线截面积的一半。

(4) 现在用电设备，如微波炉、荧光灯、空调器等，极易产生谐波电流，导致电力中性线发热。

在三相对称回路中，三次谐波在三相导线中相位相同，在中性线上叠加后产生了3倍于相线的谐波电流和谐波电压，导致了中性线温度升高。大量的自动化设备及电子式荧光灯使三次谐波在系统中的占有率增大，因此，谐波引起中性线发热的问题值得关注。因此建议：在产生谐波可能较大的低压电网，中性线截面和相线截面应选择同样的截面。

口诀22　高压电力线路相序规定

高压线路三线制，三角排列或一字。
面向负荷方向计，从左向右A、B、C。
巡线、接线更方便，黄、绿、红来色标辨。

说明

（1）高压配电线路的导线在横担上应采用三角排列或水平排列。

（2）面向负荷方向，从左向右分别为A、B、C三相线。

（3）为方便今后检修、运行，架空线路都在电杆上标有色标标识。

口诀23 低压三相四线制架空线的相序排列

低压四线制供电，面对负荷方向看。
从左到右顺序来，A、B、N、C依次排。
N线放置有原则，靠近墙体或电杆。

说明

为便于接线查线，同一地区低压配电线路的导线在电杆上的排列应统一。三相四线制的架空线水平排列成“一”字形时，若面向负荷侧的方向看，从左到右，一般应按L1（A）、L2（B）、N、L3（C）的排列顺序。

中性线（N线）设置的原则是靠近电线杆或建筑物。“N线放置有原则，靠近电杆或墙体”中的“墙体”即代表建筑物。

在三相四线制的架空线路供电系统中，因中性线中的电流比相线小，所以供电容量较大时，中性线的截面可比相线小一些。

口诀24 10kV架空线路电压损失及导线截面速算

架空铝线十千伏，电压损失百分数。

电流输距积六折，除以导线截面积。

输距千米电流安，截面毫方记清楚。

已知损失求截面，选个截面试试看。

说明

电气工作者常需估算线路的电压损失，及时分析线路运行状态，调整负荷以及为检修改造线路提供可靠依据。同时采用此方法可选择10kV架空线路的导线截面。

关键点：口诀中的电流指输送电流（A），输距指输送距离（km）。

(1) 该口诀是根据计算高压（10kV）线路电压损失的简化公式

$$\Delta U\% = PL/24.2S$$

式中 P——负荷功率，kW；

L——线路长度，km；

S——导线截面积，mm^2。

在负荷功率功率因数为0.8，每1km线路电抗为0.37Ω的条件下，通过电流 I_m（相电流，单位为A）和功率之间的换算关系，可将上式转化为

$$\Delta U\% = PL/24.2S = 15I_mL/24.2S \approx 0.6I_mL/S$$

当实际条件与上述内容有所不同时，实际的线路电压损失会与该口诀计算值有所差异，但该差异将会很小，口诀完全可满足一般工程计算的要求。

(2) 10kV 配电线路导线截面选择，一般采用试算的方法进行。首先根据给出的条件（输送距离、电路电流）估计一个导线截面。利用“电流输距积六折，除以导线截面积”计算电压损失，若超过给定的电压损失，应另选一截面重新验算，直到满足要求为止。

速算举例

【例 1】 现有一条长度为 10km 的高压 10kV 配电线路，所用导线为 $50mm^2$ 钢芯铝绞线。试求出电流为 30A 时的线路电压损失。

解 本例已知各量的单位符合口诀的要求，所以可直接用于计算。根据口诀“电流输距积六折，除以导线截面积”得

$$\Delta U\% \approx 0.6 I_m L/S = (0.6\times 30\times 10\div 50)\% = 3.6\%$$

所以电流为 30A 时线路的电压损失为 3.6%。

【例 2】 现有一条长度为 12km 的高压 10kV 配电线路，计划输送的最大有功负荷为 1000kW，电压损失不大于 5%，问应选多大截面导线（功率

因数按0.85计)?

解 1000kW负荷高压电流为

$$I=\frac{P}{\sqrt{3}U\cos\varphi}=\frac{1000}{1.732\times 10\times 0.85}=67.8\,(\text{A})$$

为简化计算，线路电流按70A计算。

$$\text{电流}\times\text{输距}=70\times 12=8400$$

$$840\times 0.6=504$$

先试选70mm² 导线，电压损失为

$$504\div 70=7.2\%>5\% \quad \text{截面不行}$$

再试选95mm² 导线，电压损失为

$$504\div 95=5.3\%>5\%$$

再试选120mm² 导线，电压损失为

$$504\div 120=4.2\%<5\%$$

该线路选用LGJ-120的导线比较合适。机械强度、允许电流均满足要求。但考虑今后负荷发展裕度，最好选择LGJ-150的导线。

口诀25 380/220V三相四线架空线路导线截面选择

架空铝线选粗细，先求输电负荷距。

三相荷距乘以四，单相需乘二十四。

若用铜线来输电，铝线截面六折算。

抗拉抗风保安全，十六以下不可选。

说明

关键点：口诀中的荷指负荷，单位为 kW；距指距离，单位为 km。

(1) 输电负荷（单位为 kW，对于三相输电线路，应为三相的总功率，即额定功率）与输电距离（单位为 km）的乘积叫做“负荷距”。

通过计算公式推导得出

$$S_{1+N}=24PL$$

$$S_{3+N}=4PL$$

式中 S_{3+N}——380/220V 三相四线制架空线路截面；

S_{1+N}——单相 220V 相线截面；

PL——负荷距，kW·km。

(2) 该口诀中系数 4 和 24 是根据低压架空线路的电压损失简化计算方法 $\Delta U\%=PL/CS\times100\%$推导而得

$$S=PL/\Delta U\%C$$

式中 C——电压损失系数，单相线路 C=8.4，三相线路 C=50。

代入上述公式可计算得：

单相线路　　$S=24PL$

三相线路　　$S=4PL$

(3) 计算某一低压线路输电导线的截面大小，先要求出输电负荷距（输电负荷与输电距离的乘积）。当架空线路采用裸铝导线，允许电压损失按5%考虑时，380/220V 三相四线制架空线路导线截面积为 4 倍负荷距数值，单相 220V 架空线路铝导线截面积为 24 倍负荷距数值。

(4) 低压架空线路采用裸铜线架设时，其余条件均相同，可用上述方法计算出裸铝导线截面积，然后再乘以 0.6，即为所选用的裸铜线截面积。这是因为铜导线电阻率（0.017）约为铝线电阻率（0.027）的 0.6 倍。

速算举例

【例 1】 新建一条低压 380/220V 三相四线制架空线路，全长 500m，输送负荷为 20kW，允许电压损失为 5%。求应选铝导线的截面积。

解 根据口诀“三相荷距乘以四”

线路导线截面 $=4\times20\times0.5=40$ (mm^2)

可选用 $50mm^2$ 铝芯线。

【例 2】 某村需架一条 220V 单相照明线路，负荷为 5kW，线路长 200m，允许电压损失为 5%。求应选裸铝导线的截面积。

解 根据口诀

导线截面 $= 24 \times 5 \times 0.2 = 24\ (mm^2)$

应选用 $25mm^2$ 铝芯线。

【例 3】 新建一条低压 380/220V 三相四线制架空线路，全长 650m，用电负荷是 30kW 的电动机，允许电压损失为 5%。求应选裸铜绞线的截面积。

解 根据口诀

$$\begin{aligned}\text{线路铜绞线的截面积} &= (4 \times 30 \times 0.65) \times 0.6 \\ &= 78 \times 0.6 \\ &= 46.8\ (mm^2)\end{aligned}$$

可选用 $50mm^2$ 铜绞线。

口诀26 速算 380V 三相动力架空线路导线截面

三相动力架空线，安全经济选截面。
千瓦百米铜除五，千瓦百米铝除三。
机械强度保安全，十六以下不能选。

说明

关键点：口诀中，负荷的单位为千瓦（kW）；距离的单位为百米（100m）。

（1）根据经验公式

$$S_{Al}=PL/3$$

$$S_{Cu}=PL/5$$

式中 S_{Al}——采用铝绞线的截面积，mm^2；

S_{Cu}——采用铜绞线的截面积，mm^2；

P——电动机的额定容量，kW；

L——电动机到配电变压器处的距离，km。

得出上述速算口诀。

（2）在低压架空电力线路上，由于距离较短和负荷不大，为了计算方便，经常使用简化方法计算其电压损失，即 $\Delta U\%=PL/CS\times100\%$（式中常数 C，在铝导线时取 50）。单台 380V 三相电动机的供电线路是常见的线路。当电压损失按 6%考虑时，简化计算公式则可推导出 $S_{Al}=PL/3$。因铜导线电阻率（0.017）约为铝线电阻率（0.027）的 0.6 倍，可得出经验公式

$$S_{Cu}=0.6S_{Al}=2PL=PL/5$$

速算举例

【例】 距配电变压器 500m 处安装一台 30kW 水泵，应选多大架空铝绞线、铜绞线？

解 根据口诀

采用铝绞线时的截面积 $=30\times5\div3=50$（mm^2）

采用铜绞线时的截面积 $= 30 \times 5 \div 5 = 30 \ (mm^2)$

所以应选用 $50mm^2$ 的铝绞线或 $35mm^2$ 的铜绞线。

口诀27 10kV 架空线路功率损失速算

电压十千架空线，有功损失快速算。
电流平方输距积，除以十倍截面积。
输距千米电流安，截面毫方记清楚。

说明

(1) 线损率是供电的主要经济指标。10kV 架空线路的功率损失由管理线损和技术线损两部分构成。管理线损包括电能计量误差、抄表错误或漏抄、用户窃电、统计错误等方面；技术线损是供电线路和设备实际发生的电能损耗。

(2) 该口诀是计算技术线损中的有功功率损失。由于线路输送有功功率不易测得，而变电站的计量装置电流表上时刻显示负荷电流值，则通过电流计算功率损失可由下述理论计算公式推导而出

$$\Delta P = \frac{RP^2 \times 10^3}{U^2 \cos\varphi}$$

令 U=10.5kV，$\cos\varphi$=0.8，R=31.5L/S 时，

可得出

$$\Delta P = 0.446P^2 L/S \times 10^3$$

因线路输送有功功率不易测出，而变电站的计量装置电流表上时刻都显示负荷电流值，故把 P 换成 $15I_m$，这样得出

$$\Delta P = 0.446 \times 225 I_m^2 L/S \times 10^3 = I_m^2 L/10S$$

式中 ΔP——线路有功功率损失，kW；

P——线路输送的有功功率，kW；

L——线路输送的距离，km；

S——导线截面积，mm^2；

I_m——线路的负荷电流，A。

速算举例

【例】 某条10kV架空线路采用LGJ－70钢芯铝绞线，线路全长12km，线路出线柜上电流表指示为30A，求算该线路当时的有功功率损失。

解 根据口诀，有功功率损失为

$$\Delta P = (30 \times 30 \times 12)/10 \times 70 = 15.4\ (kW)$$

口诀28 低压380/220V架空线路电压损失速算

铝线压损快速算，输距流积除截面。

三相乘以一十二，单相需乘二十六。

功率因数零点八，根据截面把数加。
十方以下可忽略，十上双双点二加。
铜线压损较铝小，相同条件铝六折。
输距千米电流安，截面毫方记心间。

说明

速算低压供电线路的电压损失就能够分析供电线路的供电能力和检查线路的供电质量，为线路改造提供依据。

(1) 导线的电压损失就是电流通过导线后，在该导线阻抗上所产生的电压降 ΔU。线路的电压损失主要决定于导线种类、敷设方式、线路长度、负荷大小和功率因数等。在实际计算中，导线的电压损失一般用占线路电源端电压的百分数来表示，即 $\Delta U\%$。

1) 对于三相四线制的低压 380/220V 供电线路

$$\Delta U_{3+\mathrm{N}}\% = \frac{PL}{CS}\times 100\%$$

$$= \frac{0.6I_{\mathrm{m}}L\times 10^{3}}{50S} = 12I_{\mathrm{m}}L/S$$

式中 $\Delta U_{3+\mathrm{N}}\%$——三相四线制 380/220V 线路电压损失百分数；

I_{m}——测得相线的电流，A；

L——线路输距，km；

S——线路导线截面积，mm^2；

C——电压损失系数（三相时取 50，单相时取 8.4）；

P——线路输送的有功功率，kW。

上述公式，即为口诀“铝线压损要算快，输距流积除截面，三相乘以一十二”。

【例 1】 测得某低压 380/220V 供电线路的电流为 35A，架空线路长 500m，采用 35mm^2 钢芯铝线，求算该线路的电压损失。

解 根据口诀得出

$$\Delta U_{3+N}\% = (12 \times 35 \times 0.5) \div 35 = 6.0$$

因此电压损失为 6%。

2）对于单相的低压 220V 供电线路

$$\Delta U_{1+N}\% = \frac{PL}{CS} \times 100\%$$

$$= \frac{0.22 I_m L \times 10^3}{8.4S}$$

$$= 26 I_m L / S$$

上述公式即为“输距流积除截面，单相需乘二十六”的来历。

【例 2】 测得某条 220V 照明架空线路的电流为 15A，线路长 200m，采用 LGJ－25 铝绞线。求算该照明线路的电压损失。

解　根据口诀可得

$\Delta U_{1+N}\% = (26 \times 15 \times 0.2) \div 25 = 3.12$

因此电压损失为 3.12%。

(2) 当线路中的负载为感性负载时，由于负载电感所产生的电抗作用，使得线路损耗比纯电阻负载时大一些，因此电压损失也相应增大，并且增大的幅度与线路负载的功率因数大小有关，功率因数越小，电压损失越大。

根据经验资料，截面积在 $10mm^2$ 及以下的导线，增加的电压损失量很小，可忽略不计；$10mm^2$ 以上各规格，按从粗到细，每两个规格分成一组，即 16 和 25、35 和 50、70 和 95 等，第一组（即 16 和 25）在纯电阻计算值的基础上增加 20%，以后每一组都在前一组数值基础上增加 20%，如 35、50 组导线按 $\cos\varphi$ 算出后，再乘以 1.4 倍，依此类推。这就是口诀中所说的"功率因数 0.8，根据截面把数加。十方以下可忽略，十上双双点二加"。

【例 3】　测得某低压 380/220V 供电线路的电流是 30A，线路全长 300m，采用 LGJ－35 钢芯铝绞线，线路功率因数为 0.8。求该线路的电压损失。

解　根据口诀得

$\Delta U_{3+N}\% = (12\times30\times0.3)\div35 = 3.08$

（导线截面在16和25、35和50档次上，需乘以1.4）

电压损失为　　$3.08\times1.4=4.31$

因此该线路的电压损失为4.31%。

(3) 当线路采用的导线不是铝线，而是铜线，因铜导体的电阻相当于同截面铝导体的60%，在电流相等的情况下，电压损失也为铝导线的60%。可用以上计算铝线压损方法算出来，然后再乘以0.6，即为铜导线的电压损失。

口诀29　用经济电流密度选择和校核导线截面

经济电流选导线，五千小时基础算。
铝线每方点九安，低于三千加一半。
介于中间一安算，铜线一点八倍安。

说明

经济电流密度就是当电力线路单位导线截面上通过这一电流时，使电力线路的建设投资、电能损耗和运行维护费用等综合起来最小、最经济。

经济电流密度是经过各种经济技术比较得出的

最合理的单位导线截面电流值。它常作为新建线路选择导线截面的依据，也可作为运行线路经济与否的判断标准。所以，经济电流密度既是一个很重要的技术指标，也是一个很重要的经济指标。我国现在采用的经济电流密度值见表 1-4。

表 1-4　经济电流密度值　A/mm^2

导线材料	年最大利用小时数（h）		
	3000 以内	3000～5000	5000 以上
铜线	3.0	2.25	1.75
铝线	1.65	1.15	0.9

速算举例

【例】 某 10kV 配电线路，其输送最大负荷为 2000kW，最大负荷利用小时数为 5000h，采用铝绞线，功率因数为 0.8，按其经济电流密度计算导线截面积。

解　(1) 计算最大输送电流为

$$I=\frac{P}{\sqrt{3}U\cos\varphi}=\frac{2000}{\sqrt{3}\times10\times0.8}=144\,(\text{A})$$

(2) 根据口诀“铝线每方点九安”，速算导线截面积为

$$S=\frac{I_{max}}{A}=\frac{144}{0.9}=160\,(\text{mm}^2)$$

取上限应选取导线截面积为 $185mm^2$。

口诀30　低压架空线路送电能力

二线、四线来供电，千瓦、千米荷距算。

四线不超三十八，单相六分之一算。

说明

一般低压架空线路输电，大都采用 380/220V 三相四线供电系统，三相 380V 用于较大动力，单相 220V 用于照明和较小动力及家用电器供电。低压线路送电能力不论容量或距离都很有限。当线路电压降为 5%，负荷距用 kW·km 表示，采用通常使用的铝绞线时，三相时荷距不大于 38kW·km，单相时荷距不大于 6kW·km。

此时所用铝绞线截面为 $150mm^2$，如果输送容量继续加大，那么导线用得更粗，施工也更加困难、更不经济，解决的方法是采取分路供电或提升电压采用 10kV 供电。

速算举例

【例】　某车间负荷为 150kW，送电距离为 0.4km，问是否可以送电？

解　负荷距为

$$M = PL = 150 \times 0.4$$
$$= 60(\mathrm{kW \cdot km}) > 38(\mathrm{kW \cdot km})$$

所以用低压线路不可以供电。

口诀31 高压 10（6）kV 架空线路送电能力的计算

高压送电容量大，要用荷矩来说话。

六千五兆负荷矩，十千十六莫再大。

说明

10kV 和 6kV 高压供电线路十分普遍，这一等级电压的架空线路，其送电能力以最大输送容量和输送距离的乘积（叫负荷矩）来表示，单位是 MVA · km（1MVA＝1000kVA）

一般 6kV 架空线路能输送 5MVA · km。该口诀计算是按线路电压损失 5％考虑的，功率因数为 0.8 以上。

通常输送功率和输送距离可以这样考虑：6kV 线路可以输送 2000kVA 容量 2.5km；10kV 线路可输送 3000kVA 容量 5km 左右。当然可以根据负荷大小，距离适当减增。

但是，负荷矩更大或输送距离很远时，就要改用高一级电压等级，如35kV电压线路送电，或用双回路送电。35kV线路送电能力口诀中没有介绍，同样考虑5%左右电压损失等因素，一般输送容量为150MVA·km。

速算举例

【例】 某厂负荷1500kVA，线路电压为10kV送电，距离变电站距离12km，判断架空送电是否可能。

解 负荷距为

$$M = SL = 1.5 \times 12 = 18\ (\mathrm{MVA \cdot m})$$

负荷距大于最大负荷距，该电压架空送电已不可能。

口诀32 架空线路档距大小速算

城镇高压四五十，田间野外莫过百。
低压档距怎么选，略比高压少一点。
集镇村庄四五十，不超七十在田间。

说明

在架空线路中，相邻两根电杆之间的距离叫做档距。根据DL/T 5220—2005、DL/T 499—2001的规定，架空线路的档距应满足表1-5的规定。

表 1-5　　配电线路的档距　　m

地区	高压	低压
城镇	40～50	40～50
郊区	60～100	40～60
田间	80～100	50～70

口诀33　速算铝绞线、钢绞线千米质量

设计、检修架空线路时，知道线路长度（km），而购置或备材料时需知道材料的质量（kg）。

钢芯铝线要算快，截面系数乘起来。
七十以下乘个四，九五以上四点二。
拉线需用钢绞线，九倍截面来计算。
考虑弧垂和绑扎，百分之三裕度加。

说明

(1) 该口诀计算千米钢芯铝线质量，采月截面和系数乘起来的方法。钢芯铝线由铝、钢两种材料组成，要准确算出它的质量，必须将两种材质的密度不同等因素综合考虑。70mm^2 以下钢芯直径规格只有一种，而 95mm^2 及以上钢芯匹配直径规格则有 3～4 种，都考虑进去，得出一个综合系数。

应当注意：在工程施工时，若导线用电线杆

架设，导线质量计算后，应加上一个3%的材料裕度，即口诀“考虑弧垂和绑扎，百分之三裕度加”，这是考虑到导线弧垂和绑扎用线所要增加的长度。

(2) 拉线所用钢绞线的质量的经验公式为

$$M = 9S$$

式中 M——每千米钢绞线质量，kg/km；

S——导线截面积，mm^2。

速算举例

【例1】 架设一条2km长的三相三线架空供电线路，拟采用LGJ－50钢芯铝绞线，请问需购多少导线？

解 导线的总长度为$3\times2=6$（km）。

考虑到弧垂和绑扎用线及导线制造误差，应增加3%裕度，即

$$6\times1.03=6.18\ (\text{km})$$

按口诀“七十以下乘个四”LGJ－50导线千米质量为

$$50\times4=200\ (\text{kg})$$

6.18km导线的质量为

$$200\times6.18=1236\ (\text{kg})$$

【例2】 LGJ－70钢芯铝线口诀计算与实际质量误差的对比。

解 (1) 根据口诀计算得 LGJ-70 钢芯铝线千米质量为 70×4=280 (kg/km)。

(2) 查电工手册得知 LGJ-70 钢芯铝线千米质量为 275kg。

口诀计算质量与理论质量误差对比为

$$\frac{280-275}{275}\times 100\% = 1.8\%$$

误差 1.8%，足以满足工程需要。

【例 3】 截面积为 $35mm^2$ 的钢绞线，求每千米的质量。

解 根据口诀

每千米的质量 = 9 × 35 = 315 (kg/km)

口诀34 速算圆钢拉线棒材千米质量

钢筋直径自相乘，单位毫米要记清。
再乘以六点一七，就是钢筋千米重。

说明

根据经验公式

圆钢千米质量(kg/m) = 6.17 × 直径 × 直径(罗纹钢与圆钢相同)

表 1-6 示出了圆钢规格与千米质量关系，供比较参考。

表 1-6　　圆钢规格与千米质量关系

直径 (mm)	8	9	10	11	12	13	14	15	16	17	18	19	20
理论千米质量 (kg/km)	395	499	617	746	888	1042	1210	1387	1580	1782	1998	2230	2460

速算举例

【例 1】 计算直径 16mm 圆钢的千米质量。

解　$16^2 \times 6.17 = 1579$ (kg/km)

【例 2】 计算直径 20mm 圆钢的千米质量。

解　$20^2 \times 6.17 = 2468$ (kg/km)

口诀35　架空线路弧垂速算要求

弧垂别名叫弛度，四个条件定得数。
导线规格和档距，最大风速和温度。
具体数值要查表，新线初伸数减小。
铝绞八折铜绞九，钢芯铝线八折五。
弧垂影响线安全，严格调整一大关。
同档尺寸严一致，防止风吹相短路。

说明

(1) 导线弧垂也叫弛度，架空线路导线弧垂是指在平坦地面上，相邻两基电杆上导线悬挂点高度相同时，导线最低点与两悬挂点间连线的垂直距离。导线弧垂是架空线路的重要参数，它是决定导线拉力大小、电杆高低和导线对地距离的主要依据。导线的弧垂与导线的截面、气象条件和电杆的档距有关。

（2）导线截面确定后，就可根据当地已有线路的运行经验或参照典型气象区的气象条件算出导线的弧垂，供施工紧线时使用。各地电业部门都根据当地气象条件和运行经验，对每一种常用导线计算出不同档距、不同温度时的导线弧垂，把这些数据制成弧垂表，作为计算杆高和紧线的依据。

（3）各种绞线在架设后，由于受到拉力使各股单线互相移动挤压使线股绞和更紧，产生无弹性伸长。对于铝绞线及钢芯铝绞线，因其中铝的弹性比较低，性能不稳定又产生有塑性伸长，因此，当绞线初次受拉而降低拉力后，不能恢复到原来状态，于是产生了初伸长。

如不考虑导线初伸长，当导线运行一段时间后，将会产生对地距离不够和风偏时引起短路跳闸，影响线路安全运行，故新导线施工时应考虑初伸长。一般紧线时将计算或查表得出的导线弧垂按一定比例缩小，通常缩少比例如下：

1）铝绞线为20%。

2）钢芯铝绞线为15%。

3）铜绞线为10%。

（4）导线弧垂大小对线路安全运行十分关键，应细心正确调整。三相导线的弧垂应当紧得一样，以防导线摆动时发生混线造成短路。如果三相四线制的线路中性线截面较小，则应以中性线的弧垂作为观测弧垂的标准。

口诀36 φ4.0mm（英规8号）镀锌铁线与镀锌钢绞线换算

拉线常用钢绞线，8号铁丝来替换。

相当绞线截面积，股数系数相乘积。

九股以下乘以五，十股以上六倍计。

说明

镀锌铁线一般用φ4.0mm（英规8号），施工时要绞和，制作比较麻烦，特别是9股以上拉线，绞合不好就会产生多股受力不均的现象。镀锌钢绞线施工方便，强度稳定，在有条件的地方应尽量采用。当没有钢绞线时，可用φ4.0mm（英规8号）镀锌铁线制作，并进行截面换算，即

$$A = KN$$

式中 A——镀锌钢绞线截面积，mm^2；

N——$\phi 4.0mm$ 镀锌铁丝股数；

K——系数，见表 1-7。

表 1-7 不同拉线股数的系数

拉线股数	9 股以下	10 股以上
K	5	6

速算举例

【例】 将 7 股 $\phi 4.0mm$ 镀锌铁丝线换算成镀锌钢绞线，其拉线截面应为多大?

解 拉线截面积

$$A = kN = 5 \times 7 = 35\ (mm^2)$$

应选用 $35mm^2$ 的镀锌钢绞线做拉线。

口诀37 配电线路无功补偿容量和位置的确定

配电线路补无功，位置、容量有规定。

全线只装一组容，三分之二法则行。

补偿容量三之二，位置三分之二处。

全线装设二组容，每组五二补电容。

首端五二和五四，安装位置在此处。

说明

电力网中，配电线路数量很多，其线损约占总线损的60%～70%。因此，对配电线路进行无功补偿，降低配电线路的功率损耗十分重要。

(1) 负荷均匀分布的线路。对于城镇的台区配电线路和农村电网无多大分支的配电线路，均可视为负荷近似均匀分布的线路。对于装设 n 组电容器的线路，按照最大限度地降低线损的原则（即线损最小的原则）确定最优补偿容量和最佳安装位置如下。

1) 最优补偿容量。电容器的容量为

$$Q_{Cn} = nQ_C = \frac{2n}{2n+1}Q$$

$$Q_C = \frac{2}{2n+1}Q$$

式中 Q——通过线路的平均无功负荷，kvar；

Q_{Cn}——补偿电容器的总容量，kvar；

Q_C——补偿电容器的单组容量，kvar；

n——电容器组数，$n=1$，2，3，…。

2) 最佳安装位置。计算公式为

$$L_C = \frac{2n}{2n+1}L$$

式中 L_C——第 n 组电容器的装设位置，km；

L——线路的总长度，km。

配电线路安装1～3组电容器时，其最优补偿容量和安装位置见表1-8和表1-9。

表1-8　　最优补偿容量

组数	最优补偿容量			
	第一组	第二组	第三组	总容量
1	2/3*Q*			2/3*Q*
2	2/5*Q*	2/5*Q*		4/5*Q*
3	2/7*Q*	2/7*Q*	2/7*Q*	6/7*Q*

表1-9　　最优安装位置

组数	在线路总长度中的位置		
	第一组	第二组	第三组
1	2/3*L*		
2	2/5*L*	4/5*L*	
3	2/7*L*	4/7*L*	6/7*L*

配电线路上的分散补偿容量通常可以按照“三分之二”法则来选择，即在均匀分布负荷的配电线路上，安装电容器的最佳容量是该线路平均负荷的2/3。

安装最佳地点是自送端起的线路长度的2/3处。这一结论是在理想情况下推演出来的，因此在应用时，应根据具体情况具体分析，不能一概而论。

（2）负荷非均匀分布的线路。由于负荷分布无一定规律，目前的计算方法比较复杂，这里介绍一种简便实用的计算方法——分支线路补偿法。

分支线路补偿法的含义是：以分支线路的无功功率平衡为主，对分支线路的无功消耗进行补偿，尽可能减少分支线路向主干线索取无功，从而减少无功损耗。

1）以分支线路所带配电变压器的空载无功损耗来确定分组补偿容量。

2）选择负荷较大的分支线路确定补偿点。

3）对于小分支和个别的配电变压器，可视为主干线上的近似均匀分布负荷，可按需要确定补偿点和补偿容量（补偿空载无功损耗）。

4）所有配电变压器的负载无功均以用户随器补偿为主，因此这种补偿方式只能是配电变压器补偿的补充，而不能代替随器补偿。

在国外，在负荷分布不同的各种配电线路上，都安装了电容器组进行无功补偿，其最优补偿容量和最佳安装位置都是通过计算机来确定的。电容器组一般分为固定式和可投切式两种。可投切电容器根据负荷的变化或接电压（低于或高于规定值）进行自动投切和退出，以达到最优补偿的要求。

第二章

架空配电线路施工

口诀38 线路挖坑要求要点

杆坑定位啥地方，根据走向找附桩。
沿线开挖马槽状，松软土层防塌方。
住宅、路旁设防护，防人掉入受损伤。
遇有岩石用爆破，炸药、雷管分别放。
十二米上设卡盘，沙土地段底盘放。

说明

(1) 挖杆坑时，坑的形状视土质或是否放地盘而定。在挖坑找桩位时，若不见杆桩，可依据附桩查找，或顺线路前后杆基对直测量放定。

(2) 电杆坑应按照设计要求的桩位和电杆的埋设深度来挖。杆坑成马槽状，由主坑和马道组成。主坑应比杆根略大一些，以便电杆立起后调整杆位，但也不应挖得太大，以免过多的破坏土壤结构引起电杆在中间晃动。马道坡度与地面成45°角。

坑内挖出的土要存放在线路方向的两侧，在超过1.5m深的坑内往上抛土时，要特别注意防止土石回落坑内砸伤挖坑人。

(3) 在居民区及交通道路附近开挖的杆坑，应设坑盖或可靠遮栏，加挂警告标示牌，夜间挂红灯。

(4) 遇有石坑等需要放炮时，炸药、雷管应分开存放。

(5) 混凝土电杆在12m以上应尽量装设卡盘，在泥沙、松软地带应装设卡盘、地盘。

口诀39　架空线路立杆前注意事项

统一指挥明分工，指挥信号都记清。
人员均分杆两边，坑内杆下禁人站。
一点二倍画个圈，无关人员圈外站。
修整杆坑防滚动，拉绳、叉杆位定正。

说明

立杆的方法很多，常用立杆方法有叉杆（又叫脚架）立杆法和吊车立杆法。叉杆是用两根长约4～5m，梢径为80～100mm的木杆制成，叉杆顶部装有钢丝绳或铁链，用卡钉卡牢在叉杆上。在叉杆下部0.8m左右处，用穿钉螺栓制作成把手。

杆塔施工应注意：

（1）立杆时要有专人指挥。立杆前要向施工人员讲明施工方法及指挥信号。施工人员要明确分工，密切配合，服从指挥，所有参与施工人员都应戴安全帽。

（2）人员应均匀分布在电杆两侧。在电杆起立过程中，杆坑内严禁有人工作，除指挥人和指挥人指定人员外，其他人员必须远离电杆1.2倍杆高的距离。

（3）立杆及修整电杆时，应有防止杆身倾斜、滚动的措施，如采用拉绳和叉杆控制等。

（4）电杆立正时，应将横担转到合适方向，然后立即填土夯实，每填300mm厚的土夯实一次。填满土后，地面上还要堆一个高为300mm的方形土台，防止下沉后杆坑填土不足。等杆基回填土完全牢固后，才可撤去叉杆和进行登杆工作。

口诀40　登杆工作要点

合格铁鞋登杆稳，攀登之前查杆根。
遇有冲刷和起土，上杆之前先加固。
腰里系带头戴帽，各种工具查牢靠。
使用梯子有人扶，否则设法绑牢固。

杆上有人正工作，拉线不准调和拆。

上下横担先检查，腐朽锈蚀不能踩。

检修不拆受力件，确有需要措施采。

说明

《国家电网公司电力安全工作规程（线路部分）》规定，在杆塔上工作应注意以下要求：

（1）攀登杆塔作业前，应先检查根部、基础和拉线是否牢固。遇有冲刷、起土、上拔或导地线、拉线上拔的杆塔，应先培土加固，打好临时拉线或支好架杆后，再行登杆。

（2）登杆前，登杆人员应系好安全带，戴好安全帽，认真检查登高工具，如脚扣、安全带、防坠装置等是否完整牢靠。

（3）使用梯子在杆塔上工作时，应有专人扶梯，有防滑措施，否则应将梯子绑扎牢固后，再行攀登。

（4）杆塔上有人工作时，不准调整和拆除拉线。

（5）上横担进行工作前，应检查横担连接是否牢固和腐蚀情况，检查时安全带应系在主杆或牢固的构件上。

（6）检修杆塔不准拆除受力构件，如必须拆除时，应事先做好补强措施。

口诀41 拉线长度与角度的确定

拉线长度现场定，近似公式简易行。
垂高平距两项加，乘八乘九除以百。
四十五度角拉线，平距乘十除七算。
低压绝缘子拉线，上下分成两个段。
以上计算线不够，得数两米加上算。

说明

高低压线路施工时，经常需要计算拉线长度，以便购置材料或制作拉线。

(1) 电杆拉线长度可由勾股定理精确的计算出来，即如图 2-1 所示的 $L=\sqrt{h^2+a^2}$。

但平方和开方计算较麻烦，尤其是在地锚石因地形所限有所变动时，拉线长度要有所变化。野外施工，现场计算十分麻烦和困难。长期实践和理论推算，得出一个现场求算拉线长度的经验公式

$$L\approx 0.72(h+a)=[(h+a)\times 8\times 9]\div 100$$

式中 L——电杆拉线的长度，m；

h——电杆拉线抱箍距地面垂直高度，m；

a——地锚与电杆水平距离，m。

由公式即可得出该口诀。应当注意：口诀中“乘八乘九除以百”中的“乘八乘九”即为乘 72，

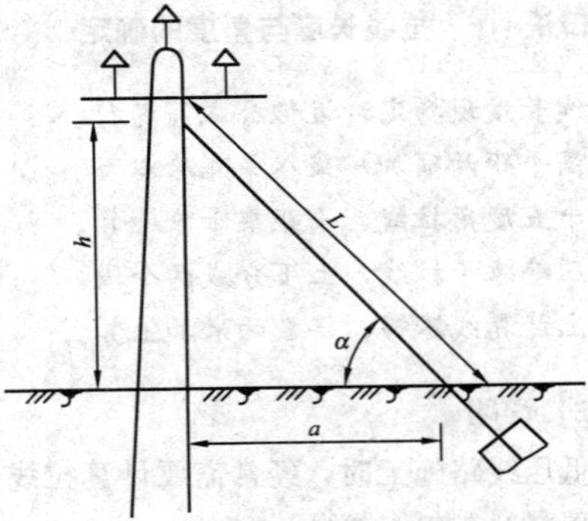

图 2-1　电杆拉线示意图

为了合辙押韵而写为乘八乘九。

一般拉线与地面的夹角 α 为 30°～60°，用该口诀计算，其误差很小，且误差值在施工时，由上下绑扎长度中可均分承担。

根据拉线的承力大小，拉线与电杆的夹角有 45°和 30°两种。承力拉线为 45°，辅助拉线为 30°。拉线的长度应根据拉线的高度和角度计算出净长度，再加上拉线两端的绑扎长度。因为拉线捧一般露出地面 1m 左右，而拉线两端的绑扎长度各为 0.5 左右，所以根据拉线的高度（电杆在地面以上的高度）计算出的拉线净长度，与拉线的实际组装长度是相等的。不同杆高和角度的拉线见表 2-1。

表 2－1　　拉线长度查对表

拉线高度（m） 拉线角度	6	8	10	12	14
45°	8.5	11.4	14.2	17	20
30°	7	9.5	11.6	14	16.2

【例 1】 设终端杆拉线一条，拉线在电杆上固定处距地面的垂直距离为 8m，因受地形限制，拉线地锚与电杆水平距离为 7m。求该拉线的长度。

解 根据口诀“垂高平距两项加，乘八乘九除以百”

电杆拉线长度 ＝（8＋7）×72÷100 ＝ 10.8（m）

（2）当上述口诀中所述垂高和平距两数值相等时，即拉线与地面的夹角 $\alpha=45°$时，根据公式 $L=\sqrt{2}a$，则得出更快更易计算电杆拉线长度的口诀（$\sqrt{2}a=10a/7$），可得简易口诀“拉线长度巧计算，平距乘十除以七”。

【例 2】 装设终端杆 $\alpha=45°$拉线一条，拉线抱箍对地的垂直距离、地锚距杆根的水平距离均是 8m。求算该拉线的长度。

解 根据口诀

电杆拉线长度 ＝ 8×10÷7 ＝ 11.4（m）

口诀42　线路拉线的组装要点

拉线组装有两种，所用金具各不同。
楔形线夹连UT，截面较小花篮丝。
为保安全中间断，上下交叉加绝缘。
固定担下点三米，电杆夹角四十五。

说明

(1) 一条普通的线路拉线可分为上部和下部两部分，根据选用金具不同，上、下把分别有三种不同组装方式，如图2-2、图2-3所示。

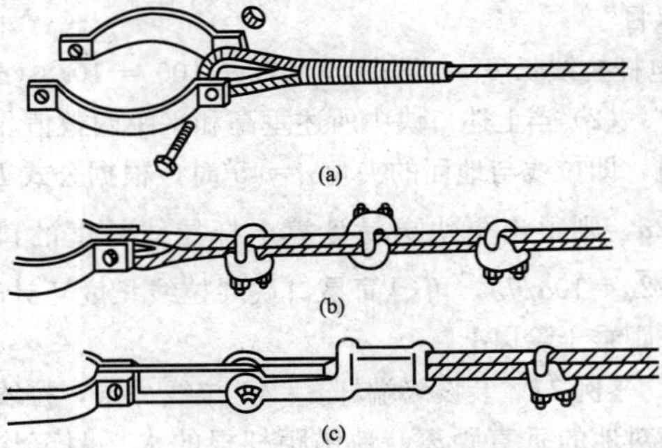

图2-2　拉线上把的结构形式
(a) 绑扎上把；(b) U形轧上把；(c) T形轧上把

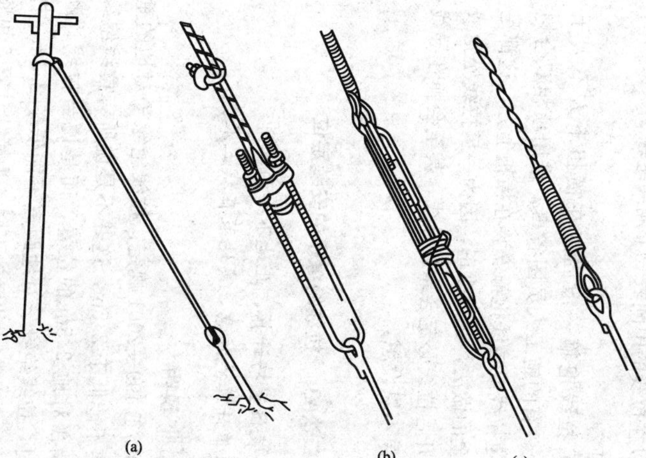

图 2-3 拉线下把的结构形式

(a) 下把与地锚柄的连接；(b) T 形轧下把；(c) 花篮轧下把；(d) 绑扎下把

（2）由于拉线在电杆固定处和电线较近，为防止刮风和意外时（如小孩摇晃拉线）电线与拉线相碰，所以在拉线的中间装一个隔离绝缘子（又叫拉线绝缘子）。

（3）拉线抱箍一般固定在横担下方不大于0.3m处。有的施工人员图省事，借用顶相双合抱箍来固定拉线或拉线抱箍安装在横担上方，这都是极不安全的做法，必须改正，因为一旦拉线松弛或突然断开，拉线必定会靠近导线，甚至会弹在导线上，后果不堪设想。

口诀43　拉线绝缘子的安装定位

安装位置巧计算，距地不小两米半。
简单计算要注意，离地装在线五米。

说明

DL/T 499—2001规定：拉线绝缘子对地的垂直距离不能低于2.5m，这并不是说所有拉线绝缘子就装在对地2.5m的位置，而是说当拉线“断线”时，拉线绝缘子对地距离不能低于2.5m，杆高不同，安装后的位置就不同。为简化计算，可将拉线绝缘子装在地锚离开地面向上量出拉线5m处。

口诀44　架空线路导线连接规定要求

导线作用传电流，连接部位严要求。
三个不同不能接，档距之内一个头。
跨越铁路和公路，跨越档内无接头。
接头距离固定点，半米以上够要求。
档内铝线、铝绞线，爆压、钳压来相连。
跳线连接铝绞线，钳压、搭接、线夹连。
连接可靠有指标，强度要高电阻小。
电阻不大同长线，强度不小原九折。

说明

（1）不同金属的导线严禁在档距内连接。因为当不同金属的导线连接时，其电化腐蚀作用很快，而且它们的膨胀系数也不同，容易造成接头损伤和松脱，增大接触电阻，使导线接头温度过高而造成烧断现象。

不同规格的导线严禁在档距内连接。因为规格不同的导线在档距内连接时，难以确定导线设计时所使用的应力和弧垂。

绞向不同的导线严禁在档距内连接，因为容易造成导线松股断线。

（2）架空线路在跨越公路、铁路时不准有接头。

(3) 在一个档距内，每根导线不应超过一个接头。因为接头在氧化作用下会逐渐降低机械强度，多一个接头等于增加一个事故隐患，所以接头数量应该限制。当线路跨越铁路、公路和重要的通信线路时，为了保证安全，在跨越档距内导线不应有接头。

(4) 导线接头距导线的固定点（支撑点）不应小于0.5m，因为导线在固定点的应力最大。这样做可以减少接头承受的应力，并便于巡视、维修和调整弧垂。

(5) 导线接头连接的常用方法有：在档距内的铝线、铝绞线，常用爆压、钳压法；耐张之间跳线或引下线连接铝绞线，多采用钳压法、搭接法或线夹连接。

(6) 导线接头的电阻不应大于相同长度导线的电阻。

(7) 档距内接头的机械强度不应小于导线计算拉断力的90%。

口诀45　导线的搭接连接法

导线搭接弓子线，接头并好最关键。

搭接长度二百五，七十以下二百算。

同型线号绑中间，两侧缠绕拧小辫。

说明

LGJ－25或LJ－25型及以下小型号的导线和跳线的连接可以采用绑接法。

绑接时，先把两根导线的接头并好，选用与导线同金属且直径不小于2.0mm的单股线作为绑线。绑法是从中间向两侧缠绕，缠到头时，和导线的线头拧成小辫收尾。把导线尾端弯回，防止导线被拉出来。

在线路档距内的导线连接，其绑接长度为250～300mm。连接跳线时，绑接长度为：LJ－35及以下导线不应小于150mm；LJ－50导线不应小于200mm；LJ－70及以上导线不应小于250mm。不同截面导线的跳线连接，绑接长度是以小截面导线的标准为准的。

口诀46 导线的叉接连接法

折开拉直做伞骨，绞紧全长三分一。
两个伞状隔根插，捏平两根二二三。
顺时方向组组缠，弃去余线钳平线。
再用同法另一端，方法步骤要记全。

说明

没有钳接工具时，可采用插接法连接档距内的导线接头，接头长度不应小于250mm，一般用于连接LJ-35型及以上导线。这种方法操作简单，容易掌握，不需要专用工具。但若操作工艺不良时，会使接头连接不牢，造成接触电阻增大，因接头过热而烧断导线。多股铜芯导线的直线连接步骤见表2-2。

表2-2　多股铜芯导线的直线连接步骤

序号	图示	连接方法
1		将剖去绝缘层的两根芯线逐根拉直
2	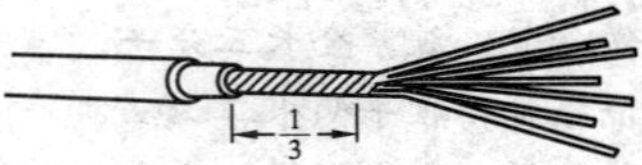	把芯线的1/3根部绞紧，然后把余下的2/3芯线头分散成散状，并将每根芯线拉直

续表

序号	图示	连接方法
3	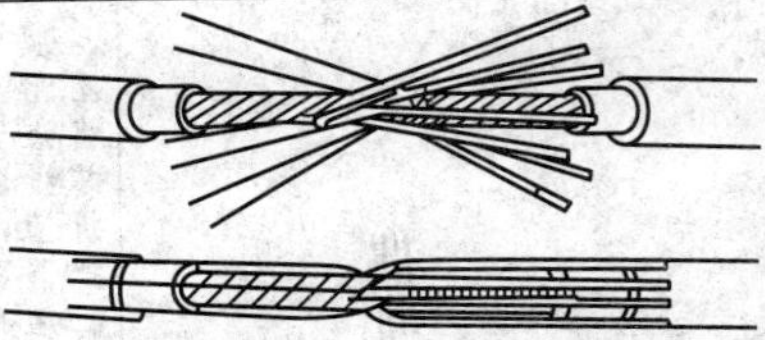	把两根伞状芯线线头隔根对叉，并捏平两端芯线
4	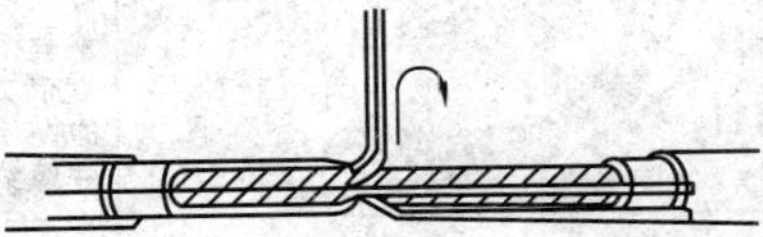	把一端的7股芯线按2、2、3根分成三组，接着把第一组2根芯线扳起，并按顺时针方向缠绕
5	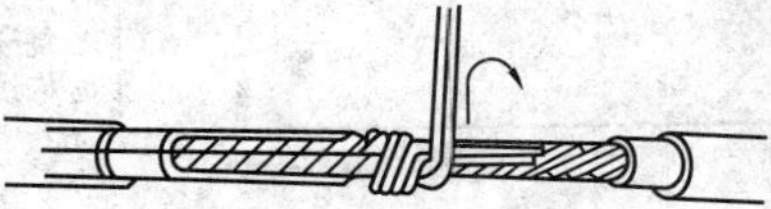	缠绕2圈后，将余下的芯线向右折直，再把下面第二组的2根芯线扳直，也按顺时针方向紧紧压住前2根扳直的芯线缠绕

续表

序号	图示	连接方法
6	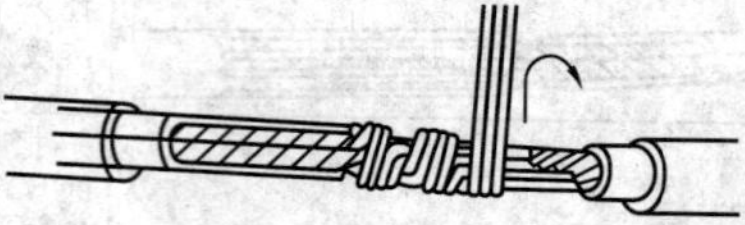	缠绕2圈后，也将余下的芯线向右折直，再把下面第三组的3根芯线扳直，按顺时针方向紧压住前4根扳直的芯线向右缠绕
7		缠绕3圈后，切去每组多余的芯线，钳平线端。用同样的方法再缠绕另一边芯线

口诀47 导线的压接法要点

扎紧线头线锯齐，选好线管和压模。

断头清洗涂脂膏，线穿管中露二十。
钢芯铝线钳压管，中间夹层铝垫片。
坑深、坑数有规定，导线不同数不同。
详细规定看下表，两面隔压数不少。

说明

钢芯铝绞线、铝绞线在档距中的接头宜采用钳接管压接法，如图 2-4 所示。

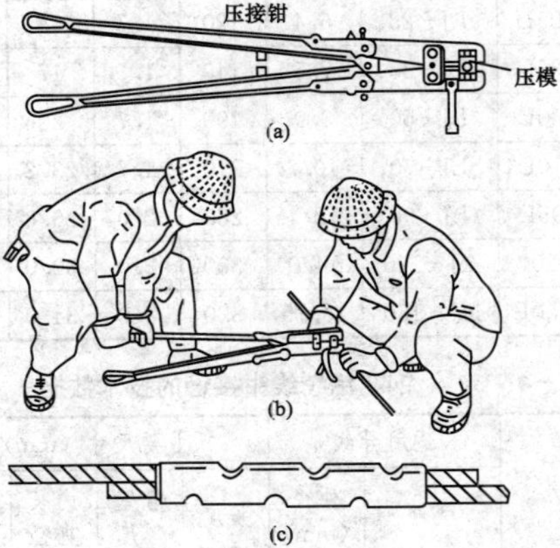

图 2-4 钳接管压接法
(a) 压接钳；(b) 压接方法；(c) 压接接头

压接时，要根据导线型号选用相应型号的压模和钳接管，同一规格的铝绞线和钢芯铝绞线所用的钳接管的规格大小不同，两者不可混用。表 2－3 和表 2－4 为两种绞线钳接管的技术数据。

表 2－3　　铝绞线钳接管的技术数据

型号	适用导线		主要尺寸（mm）			
	型号	外径（mm）	长度	管壁厚度	内长直径	内短直径
JT－25L	LJ－25	6.4	120	1.7	14	7.2
JT－35L	LJ－35	7.5	140	1.7	17	8.5
JT－50L	LJ－50	9.0	190	1.7	20	10
JT－70L	LJ－70	10.7	210	1.7	23.2	11.6
JT－95L	LJ－95	12.4	280	2.0	26.8	13.4
JT－120L	LJ－120	14.0	300	2.0	30.0	15
JT－150L	LJ－150	15.75	320	2.0	34.0	17

表 2－4　　钢芯铝绞线钳接管的技术数据

型号	适用导线		主要尺寸（mm）			
	型号	外径（mm）	长度	管壁厚度	内长直径	内短直径
JT－25	LGJ－25	6.6	270	1.7	16	7.5
JT－35	LGJ－35	8.4	340	2.1	19	9
JT－50	LGJ－50	9.6	420	2.3	22	10.5

续表

型号	适用导线		主要尺寸（mm）			
	型号	外径（mm）	长度	管壁厚度	内长直径	内短直径
JT-70	LGJ-70	11.4	500	2.6	26	12.5
JT-95	LGJ-95	13.7	690	2.6	31	15
JT-120	LGJ-120	15.2	920	3.1	35	17
JT-150	LGJ-150	16.7	950	3.1	39	19

导线在连接前，先用钢丝刷把导线表面和钳接管内壁的污物和氧化层清除掉，将导线头用细铁丝绑好，将导线头表面和钳接管内壁涂上一层中性凡士林，再把两根线头从钳接管两头穿入管中，导线端头露出压管长度不应小于20mm。然后按图2-5，在钳接管上按规定画出压口数量、压口与压口之间的距离以及压口顺序。按照压接顺序，一个压口一个压口地压。为了避免钳接管压口有弹性恢复，每压完一个坑口，停留1min后再松压模，并检查压坑深度，符合要求后（压坑深度应符合表2-5的规定），再压下一个坑口。压坑太深会损伤导线，压坑太浅会造成压接不牢，导线受拉力作用就会被抽出来。压坑的位置一定要正确。压坑顺序错误会使两侧导线在管口处压伤，运行中易造成断线。

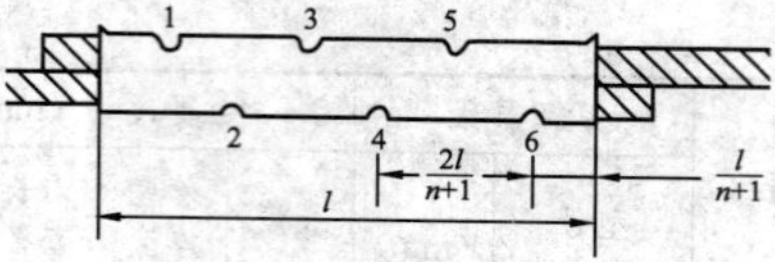

(a)

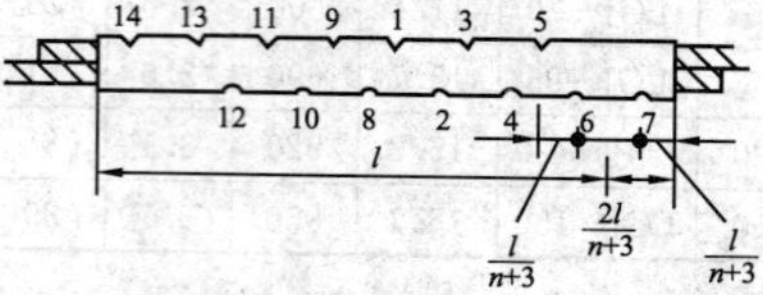

(b)

图 2-5 导线钳接管压接顺序及位置
(a) 铝绞线钳接管压坑的顺序及位置（n 表示压坑数）；
(b) 钢芯铝绞线钳接管压坑顺序及位置

表 2-5 钳压压口数及压后尺寸

导线型号		压口数	压后尺寸 D（mm）
铝绞线	LJ-25	6	12.5
	LJ-35	6	14.0
	LJ-50	8	16.5
	LJ-70	8	19.5
	LJ-95	10	23.0
	LJ-120	10	26.0
	LJ-150	10	30.0
	LJ-185	10	33.5

续表

导线型号		压口数	压后尺寸 D（mm）
钢芯铝绞线	LGJ-25/4	14	14.5
	LGJ-35/6	14	17.5
	LGJ-50/8	16	20.5
	LGJ-70/10	16	25.0
	LGJ-95/20	20	29.0
	LGJ-120/20	24	33.0
	LGJ-150/20	24	36.0
	LGJ-185/25	26	39.0
	LGJ-240/30	2×14	43.0

导线压接完后应进行检查，压接后的钳接管弯曲度不应大于管长的2%，否则应较直。钳接管不应有裂纹。钳接管两端附近的导线不应有“灯笼”、“抽筋”等现象。

口诀48 架空线路放线要点

放线线架或挖坑，统一信号通信通。
交叉跨越和路口，做好措施有人守。
边放边挂用滑轮，横担、硬弯伤线芯。
转角内侧莫站人，跨下导线更不允。

严禁突然剪断线，做好措施莫蛮干。

说明

（1）放线就是沿着电杆两侧把导线展放开，为把导线挂在横担上作准备，一般用放线架放线。

用放线架放线是将线轴架起来放线。挖坑时，其深度略大于线盘半径，宽度以能使线盘自由转动为宜，将线轴穿上轴杠放在坑边的垫木上，导线从线盘上面引出，用人拉着导线沿电杆一侧放线。图2-6为放线架放线示意图。

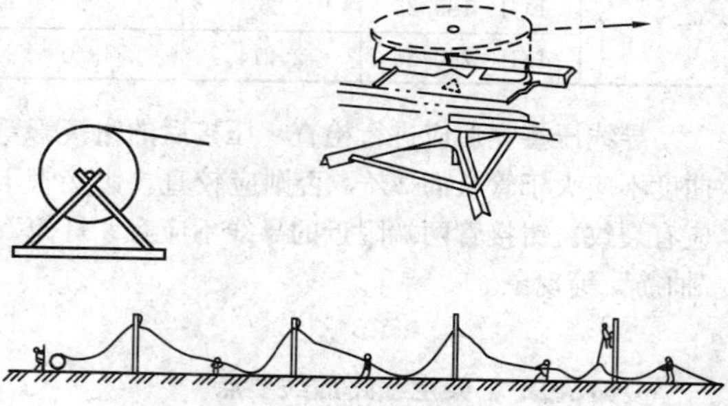

图2-6 用放线架放线示意图

用放线架放线时，线盘处应有专人看管，并经常和拉线人员保持联系。拉线人员行进速度要缓慢，防止导线被砖石等硬杂物损伤。

（2）线路跨越公路、铁路时，应设跨越架，并派人在两侧看守，以防发生事故。线路跨越广播线或通信线时，应预先同有关部门联系，并要设置跨越架，防止导线和广播线或通信线相接触碰线。

（3）展放导线应边放边用滑轮挂起，导线展放在地面后，应由专人仔细检查。发现导线有死弯时，应剪断重接。发现导线有金钩、破股已无法修复时，应剪断重接。发现导线在同一截面内的损伤面积占导线总截面的17％以上时，应剪断重接。发现导线在同一截面处损伤截面占导线总截面的5％～10％时，应用同金属的单股线绑扎，绑扎长度应超出损伤部分两端各30mm长。若导线在同一截面处损伤面积占导线总的10％～17％时，对导线的机械强度和允许载流量影响较大，为防止导线过热和断线，应敷上一段同规格的导线，敷设长度应超出损伤部分，两端绑扎的长度不小于100mm长。

（4）进行放线、紧线和撤线工作时，人员不准站在或跨在已受力的牵引绳、导线的内角侧和展放的导、地线圈内，以及牵引绳或架空线的垂直下方，防止意外跑线时抽伤。

（5）禁止采用突然剪断导、地线的做法松线，否则极易造成倒杆、抽线伤人。

口诀49　横担安装螺栓方向规定

螺栓穿入有方向，顺线电源受电方。
横线面向受电侧，从左到右连接上。
螺栓安装垂地放，穿入方向下到上。

说明

为了使维护巡视工作规律化，同时为了紧固安全，防止螺栓自松动及积水锈蚀，GB 50173—1992《电气装置安装工程35kV及以下架空电力线路施工及验收规范》、DL/T 499—2001等对螺栓穿入方向都作了规定：

螺栓顺线路的，从电源侧穿入；
螺栓横线路的，面向受电侧由左向右穿入；
螺栓垂直地面的，由下向上传入。

口诀50　线路横担的组装要求

线路横担怎么装，离顶三十受电方。
转角分支不一样，装在张力反方向。
担下拉线零点三，留有空间好跳线。
双担安装用螺栓，露出两扣保安全。

说明

根据 GB 50173—1992，架空线路横担安装要求如下：

(1) 单横担的组装位置：直线杆应装于受电侧，横担距杆顶 30cm。

(2) 分支、转角杆及终端杆应装于拉线侧。

(3) 拉线一般固定在横担下不大于 0.3m 处。留足空间以便于跳线连接。

(4) 用螺栓连接横担时，螺母紧好后，露出的螺钉长度，单螺母不应少于两个丝扣。

口诀51 针式绝缘子顶部绑扎图解

短头顺时绕三绕，长头下探绕脖颈。
一圈半后上压线，从左向右十字成。
从左向右顺三绕，从右向左交叉行。
从右向左到线下，从左到右双十成。
从右向左逆三圈，从左向右三圈行。
找着短头拧几拧，断去余线绑扎成。

说明

导线在针式绝缘子上的固定有顶部绑扎和颈部绑扎两种。在转弯的位置，不可使用颈部绑扎的方法。

针式绝缘子的顶部绑扎固定有几种不同的形式，但大同小异，已导线牢固、不松动和美观为基本原则，口诀给出的其中一种可结合表 2 - 6 来理解练习。

表 2 - 6　　导线在针式绝缘子的顶绑法

步骤	图　示	口诀	工艺要求
1	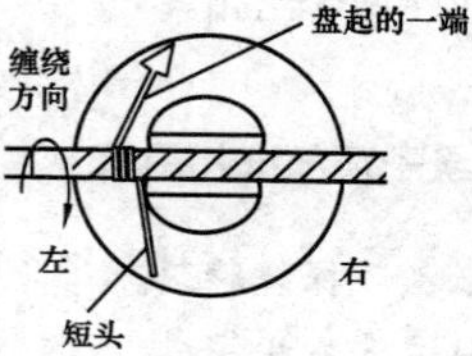	短头顺时绕三绕 长头下探绕脖颈	把绑线绕成一个圆盘，留出一个短头(250mm)，短头绑线先在导线上顺时针绕三圈，长头从导线的下方针瓶脖颈处绕到另一端
2	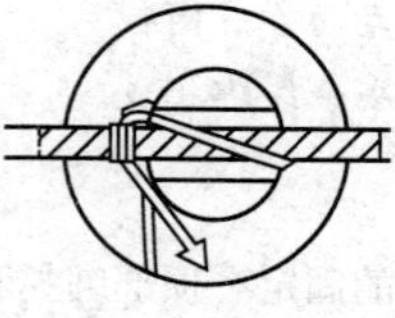	一圈半后上压线	用盘起的一端，沿绝缘子颈内侧向右绕到导线下面，再沿导线表面从右向左绕到导线的左边

续表

步骤	图　示	口诀	工艺要求
3	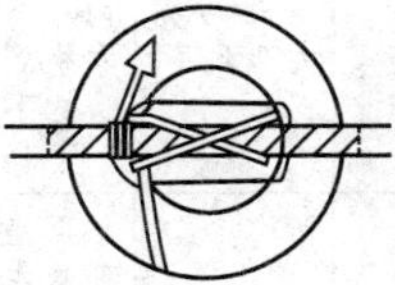	从左向右十字成	从绝缘子颈内（下面）向右绕到导线右边的上端，再沿导线表面从右向左绕到导线的左边，这时在导线表面形成十字交叉
4	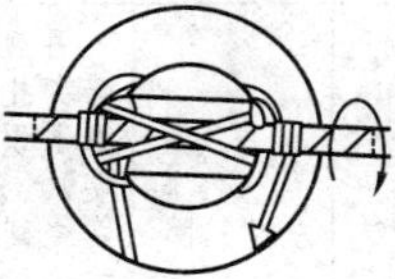	从左向右顺三绕	用盘起的一端绑扎线绕绝缘子颈内（上端），从左向右绕到导线右边，这时要按顺时针方向绕导线三圈
5	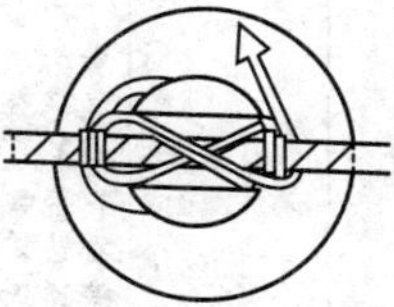	从右向左交叉行	沿绝缘子颈内侧从右向左绕到导线下面，再沿导线表面从左向右绕到导线的下边

续表

步骤	图示	口诀	工艺要求
6	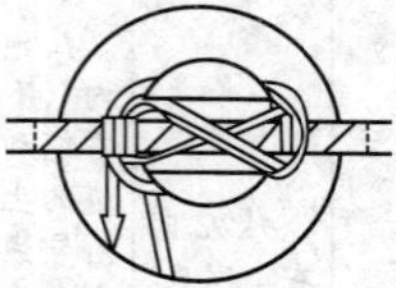	从右向左到线下	从绝缘子颈内（下面）向左绕到导线左边的下端
7	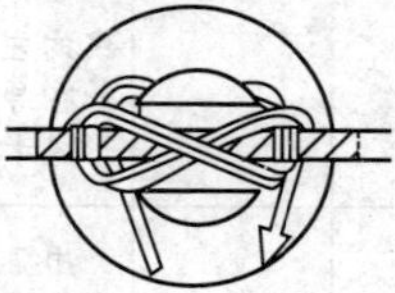	从左到右双十成	再沿导线表面从左向右绕到导线的右边，这时在导线表面又形成一个十字交叉
8	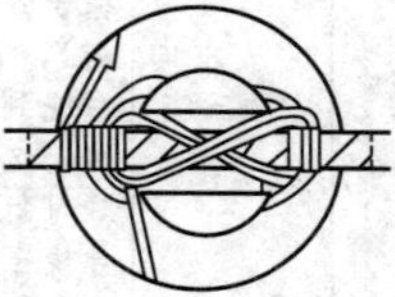	从右向左逆三圈	用盘起的一端绑扎线绕绝缘子颈内（上端），从右向左绕到导线的左边，这时要按逆时针方向绕导线三圈
9	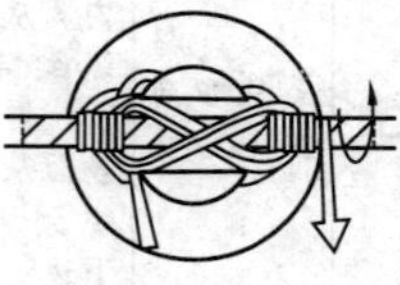	从左向右三圈行	用盘起的一端绑扎线绕绝缘子颈内（上端），从左向右绕到导线的右边，这时要按逆时针方向绕导线三圈

续表

步骤	图　示	口诀	工艺要求
10	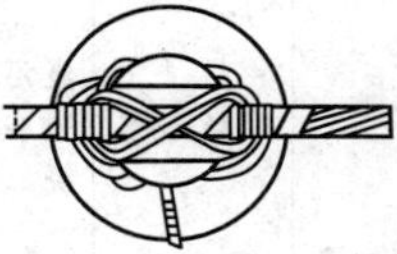	找着短头拧几拧	短头和盘起的一端相遇，在绝缘子外侧中间拧一小辫，将多余的绑线剪去，将小辫压平

口诀52　针式绝缘子颈部绑扎图解

短头顺时绕三绕，长头交叉绕脖颈。
来到右侧绕三绕，从右向左再上行。
从左向右双十成，来到左侧绕三绕。
左内右上半脖径，从左向右绕三绕。
找着短头拧几拧，侧绑针瓶即完成。

说明

针式绝缘子的颈绑法又叫侧绑法，有几种不同的形式，但大同小异。口诀给出的其中一种请结合表2-7来练习理解。

表 2-7　　针式绝缘子的侧绑法

步骤	图示	口诀	工艺要求
1	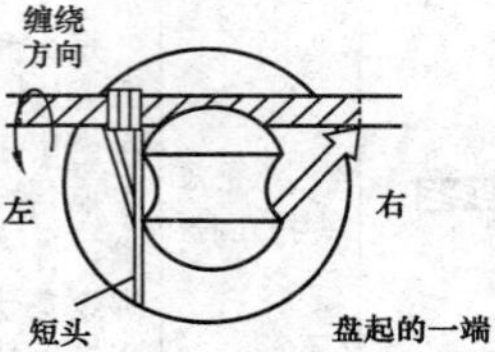	短头顺时绕三绕	将短头绑线沿逆时针先在导线上绕三圈
2	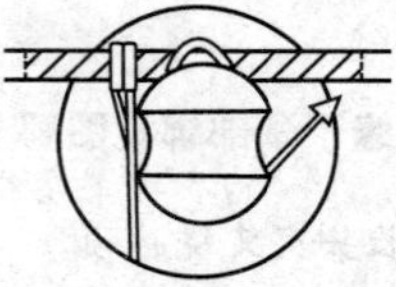	长头交叉绕脖径	将盘起的一端绑扎线从绝缘子脖颈（下端）内侧绕过，再绕到导线后面过到绝缘子左边
3	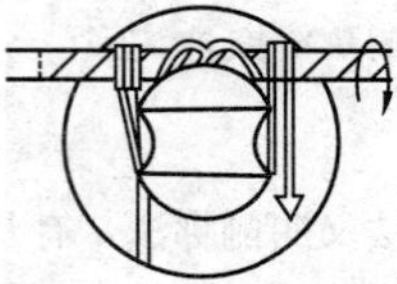	来到右侧绕三绕	在将盘起的一端，按上述绕法再把导线沿绝缘子内脖颈绕一周，然后在导线的右边按顺时针绑扎三圈

续表

步骤	图　示	口诀	工艺要求
4	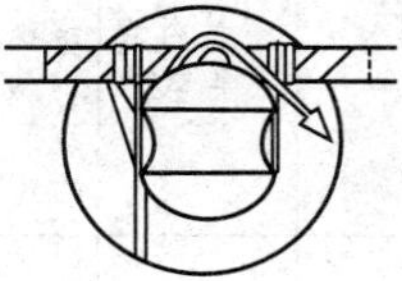	从右向左再上行	将盘起的一端绑扎线从绝缘子脖颈（下端）内侧绕过，再绕到导线后面和绝缘子右边
5	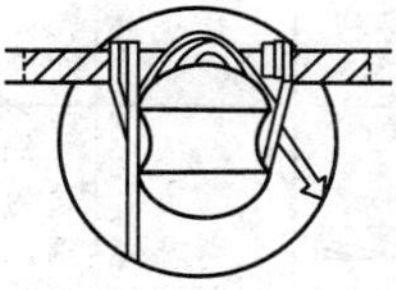	从左向右双十成	再将盘起的一端，按上述绕法把导线沿绝缘子内脖颈绕一周
6	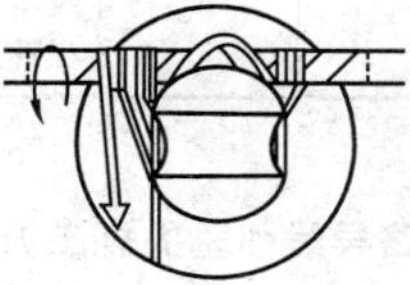	来到左侧绕三绕	用盘起的一端绑扎线按逆时针方向绕导线三圈

续表

步骤	图示	口诀	工艺要求
7	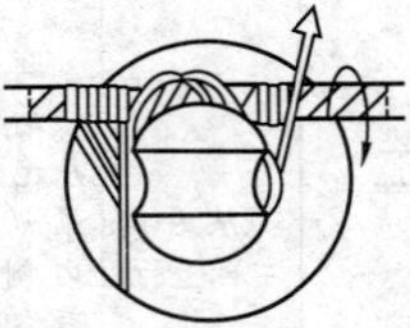	左内右上半脖径	用盘起的一端绑扎线绕绝缘子颈内从左向右绕到导线的右边上端
8	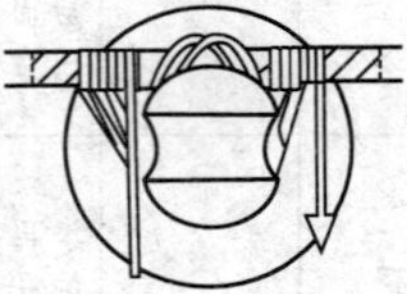	从左向右绕三绕	绑线沿顺时针在导线上绕三圈
9	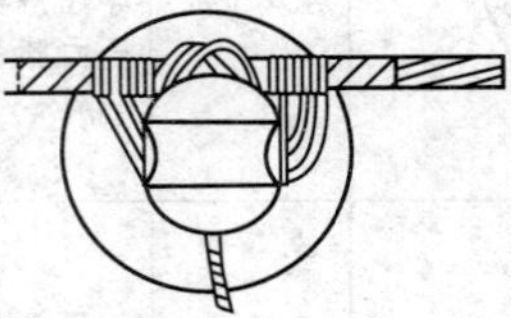	找着短头拧几拧 侧绑针瓶即完成	短头和盘起的一端相遇，在绝缘子外侧中间拧一小辫，将多余的绑线剪去，将小辫压平

口诀53　架空线路导线弧垂的施工方法

架空线路看弧垂，查出数据来定位。

五档之内定中间，六至十档定两端。
十二以上定三端，杆上绑上线模板。
先紧两边后中间，防止横担拉扭偏。
紧线开始专人看，板、线三点成一线。

说明

(1) 导线的弧垂大小是架空线路施工的一项重要工作。紧线时，若导线截面较大时，可用人力把导线收紧到一定程度后，再用紧线器紧线。用紧线器紧线时，需将钳口处的导线缠包一层铝绑线或铝包带，以防钳口压伤导线。同时钳口也得卡紧，以防跑线，紧线器紧线法及弧垂观测方法如图 2-7 所示。

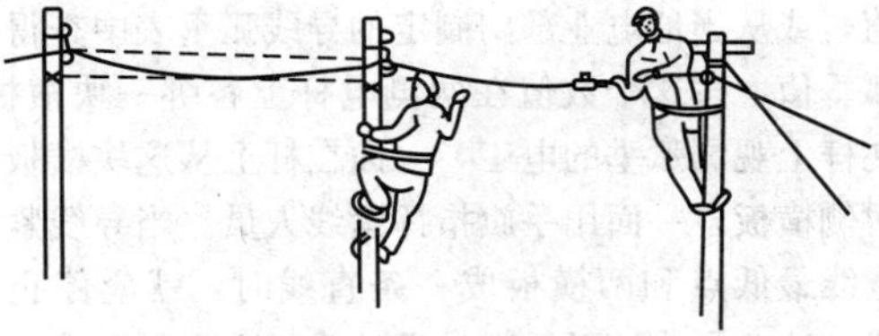

图 2-7 紧线器紧线法及弧垂观测方法

不管采取哪种紧线方法，在紧线时都要设专人指挥，统一信号。要注意检查接头在紧线进行中有无卡住现象。紧线过程中，工作人员不得跨在导线上或站在导线内角侧，防止因意外跑线而使人员受伤。

（2）对于5个档距及以内的耐张段，可选择耐张段中部的一个较大的档距观测。

对6～10个档距的耐张段，应选择2个档距观测。

对12个档距及以上的耐张段，应选择3个档距观测。

（3）为了防止横担扭转，可同时紧两边线。紧线时，应平稳地在地面上拉动导线，防止导线上下摆动。当导线紧到接近设计弧垂时，应有电工进行弧垂观测。

（4）观测弧垂的方法是：在观测档距两侧的电杆上，从导线悬挂点向下量出按设计要求的弧垂值，或从当地电业部门制定的导线弧垂表中查得的弧垂值，按这个数值在两侧电杆上各绑一块横板。在杆上观测弧垂的电工，一面在杆上从这块横板看对侧横板，一面用手旗指挥紧线人员。当导线紧到导线最低点和两横板成一条直线时，就应停止紧线。这时导线的弧垂就是设计或弧垂表所要求的弧垂值。

由于未使用过的导线有伸长效应，即受到一定拉力后要伸长一些，因此紧线时弧垂应比设计值或弧垂表中的规定值减少20%，以免运行了一段时间后，由于弧垂加大而影响对地或对其他交叉跨越设施的安全距离。

三相导线的弧垂应当紧得一样，以防导线摆动时发生混线。如果三相四线制的线路中性线截面较小，则应以中性线的弧垂作为观测弧垂的标准。

口诀54 线路巡视周期

线路运行保安全，巡视周期落实严。
一月一次十千伏，一千伏下一季度。
夜间巡视每年搞，特殊巡视按需办。
故障巡视听通知，快速查处故障点。
监察巡视查重点，领导亲自每年办。

说明

为了掌握线路的运行状况，及时发现缺陷和沿线威胁线路安全运行的隐患，必须对线路按期进行巡视和检查。

线路巡视有以下几种：

（1）定期巡视。由专职巡线员进行，掌握线路的运行状况，沿线环境变化情况，并做好护线宣传工作。10kV一般每月一次，郊区及农村每季至少一次；1kV以下线路一般每季至少一次。

（2）夜间巡视。在线路高峰负荷或阴雾天气时进行，检查导线接点有无发热打火现象，绝缘表面有无闪络，检查木横担有无燃烧现象等。夜间巡视每年至少进行一次。

(3) 特殊性巡视。在气候恶劣（如台风、暴雨、覆冰等）、河水泛滥、火灾和其他特殊情况下，对线路的全部或部分进行巡视或检查。按照需要随时进行。

(4) 故障性巡视。查明线路发生故障的地点和原因。

(5) 监察性巡视。由部门领导和线路专责技术人员进行，目的是了解线路及设备状况，并检查、指导巡线员的工作，每年至少进行一次。

口诀55　线路巡视要点

定巡、特巡、故障巡，经验丰富要两人。
单人巡线禁攀登，夜巡线路外侧行。
大风巡线在上风，线路带电记心中。
巡线内容三方面，三面走来四面看。
围绕杆基转一转，顺着线路两头看。
发现导线落了地，八米之外报上级。

说明

线路设备的巡视工作是一项最基本工作，在运行维护工作中占有非常重要的地位，如果线路设备巡视工作不到位、不落实，除了不能给检修工作提供合理、准确、可靠依据外，还会使线路设备运行维护管理工作停滞不前，安全运行水平降低，甚至威胁人身安全。

（1）线路设备巡视工作根据线路设备外部环境状况和自身运行情况，主要进行定期巡视、特殊巡视及故障巡视等几类，各类巡视工作有各自的特点。

巡线工作应由有电力线路工作经验的人担任。偏僻山区和夜间巡线至少由两人进行。

（2）单人巡线时，禁止攀登电杆和杆塔。

夜间巡线应沿线路外侧进行；大风时，巡线应沿线路上风侧前进，以免万一触及断落的导线。事故巡线应始终认为线路带电。即使明知该线路已停电，亦应认为该线路随时有恢复送电的可能。

（3）巡线人员发现导线断落地面或悬吊空中，应设法防止行人靠近断线地点 8m 以内，并迅速报告上级，等候处理。

（4）线路巡视工作的要点为：

1）三面走。从三个方面查明线路环境：①沿线路有无威胁线路安全的爆破、挖土等工程；②有无堆积易燃、易爆物品及违反电力线路保护条例的建筑物等；③查明沿线有无江河泛滥，有无可能触及导线的树木、铁烟囱等。

2）四面看。从四个方位对线路的每基电杆杆基全面细心观察。一看横担有无歪斜、变形、锈蚀；二看绝缘子有无严重污染、裂纹、破损及闪络痕迹；三看导线有无断股、烧伤痕迹，弧垂是否平衡；四看金具是否紧固，有无松动弯曲变形、缺螺帽等现象。

3）围着杆基转一转。检查电杆有无倾斜，杆基有无下沉积水，水泥杆是否有严重裂纹漏筋，铁塔是否锈蚀，杆号标识是否清晰，防雷接地是否良好等。

4）顺着线路两头看。指站在档距中间顺着线路两头看，看线路与周围导线、电杆、天线、树木及其他引线内的距离是否符合要求，线路与杆塔物件及其他引线间的距离是否合乎要求等。

口诀56　速算架空线路保护区

电压等级十千伏，防护区域五米数。

三点五至十一万，一边五米向上添。

二十二和三十三，再把五米添一边。

额定电压五十万，一边二十保安全。

说明

线路防护区是指导线边线向外侧水平延伸并垂直地面所形成的两平行面内的区域。

在电力线路防护区内，不准堆放谷料、垃圾、易燃易爆物品；不得烧窑、烧荒；不得兴建建筑物、构筑物。

在一般地区，各级电压的防护区为：1～10kV为5m；35～110kV为10m；154～330kV为15m；500kV为20m。

第三章

架空配电线路常见故障分析及处理

口诀57　配电线路的故障类型

配电线路不通电，三种故障查因原。
接地故障最多见，约占总数四之三。
短路故障线相连，占到故障十五间。
断路故障缺相电，百十左右占第三。

说明

10kV线路分布很广，架空线路长，又处于露天运行，常受到周围环境与自然变化的影响，在运行中经常发生故障，影响正常供电，给生产与生活带来一定的危害。

(1)“配电线路不通电，三种故障查因原”是指：配电线路发生故障的原因主要有三个方面，在维修前必须结合故障现象认真进行检查和分析，以便对症下药；否则，盲目行动往往会劳而无功。

(2)“接地故障最多见，约占总数四之三”是指：线路中的某点非正常接地所形成故障，称为接地故障。全线路范围内均可发生此类故障，约占到全部故障75%（即3/4)。

接地故障基本上可分为永久性接地和瞬时性接地两种。主要有断线、绝缘子击穿、线下树木等原因导致多点泄漏。接地故障由于范围较大，故障原因不明显，有时必须借助仪表、仪器才能确定故障原因。

(3)“短路故障线相连，占到故障十五间”是指：线路中不同电位的两点被导体短接起来，造成线路不能正常工作的故障，称为短路故障。一是线路瞬时性短路故障（一般是断路器重合闸成功)；二是线路永久性短路故障（一般是断路器重合闸不成功)。常见故障有：线路金属性短路故障；线路引跳线断线弧光短路故障；跌落式熔断器、隔离开关弧光短路故障；小动物短路故障；雷电闪络短路故障等。

(4)“断路故障缺相电，百十左右占第三”是指：线路断路故障是指线路中某一个回路非正常断开，使电流不能在回路中流通的故障，如断线、接触不良等。

断路故障是线路运行中常见的故障，约占全部线路故障的10%。断路故障最基本的表现形式是回路不通。在某些情况下，断路还会引起过电压，断路点产生的电弧还可导致电气火灾和爆炸事故。线路发生断线事故时，大多同时会伴有接地故障发生。

口诀58　配电线路故障检修方法

检修线路五方法，各种故障追根查。
回路分割化单元，缩小范围查因原。
回路状态断和通，一处不通故障生。
阻抗分析三状态，高阻、低阻、电阻零。
电位分析第四种，确定部位和类型。
电压、电流再分析，直到故障点查明。

说明

根据线路故障的特点和不同表现形式，检修线路故障通常有回路分割法、回路状态分析法、阻抗分析法、电位分析法、电流和电压分析法等。

(1) 回路分割法。回路就是闭合的电路，它通常包括电源和负载。一个复杂电路总是由若干回路构成，电气故障也总是发生在某个或某几个回路中。因而将回路分割实际上简化了电路，缩小了故障检修范围。

（2）回路状态分析法。一般来说，回路只有两种状态，即接通状态和断开状态。

只有当回路中所有的触头都闭合，连接线无断点，工作元件正常时，回路才能处于接通状态；只要回路中有一个断点，回路就处于断开状态。

（3）阻抗分析法。任何电路在正常状态和故障状态下都会呈现不同的阻抗，即有不同的阻抗状态，如低阻（负载）状态、高阻（开路）状态、零阻（短路）状态。

阻抗状态从另一个侧面反映了电路的故障情况。例如一般负载（如照明、电动机等）电路在正常情况下均处于低阻抗状态，如果为零阻抗状态，则说明发生了短路故障。但有些电路，如电流互感器电路正常时应为零阻抗状态，低阻抗状态和高阻抗状态均为故障状态。据此，可以通过测量电路的阻抗值（一般只要测量直流电阻）来检修某些电气故障。

（4）电位分析法。在不同的状态下，线路中各点具有不同的电位分布，因此，可以通过测量和分析线路中某点的电位及其分布情况，确定线路故障类型和部位。

（5）电流分析法和电压分析法。阻抗的变化导致了电流的变化，电位的变化导致了电压的变化，因此，可通过电流分析法和电压分析法确定电路故障。

口诀59 线路单相接地故障的原因

相线接触接地体，停电危及众邻里。
分析原因查重点，主要归结四方面。
线路附近树碰线，接头氧化线腐断。
外力破坏伤导线，电气元件降绝缘。

说明

线路单相接地故障是指线路中某点由于绝缘损坏或其他原因与大地相接而形成接地，从而使线路中出现过电压损坏设备或对人身造成伤害等情况。

10kV配电线路在运行中经常发生单相接地故障，特别是在雨雪、大风等恶劣天气条件下，单相接地更是频繁发生，严重影响了变电设备和配电网的安全和经济运行。

(1)“相线接触接地体，停电危及众邻里”是指：发生单相接地后，一方面要进行人工选线，对未发生接地故障的线路也要短时停电，中断正常供电；另一方面发生单相接地的配电线路要停电查找故障点或消除故障的过程中，也不能保障用户的正常供电。

(2)“分析原因查重点，主要归结四方面”是指：总结分析发生线路接地故障的原因，主要有树木碰线、断线、外力破坏、绝缘子损坏四个方面。

(3)“线路附近树碰线”是指：线路附近的树木等碰触导线、导线因风力过大，与建筑物距离过近等引起接地。特别是夏季树木生长很快，导线往往碰触树枝而发生放电事故，夏季风多，且风力大，树枝、数木被大风吹断落在导线上也是造成线路接地的一个重要原因。

(4)“接头氧化线腐断”是指：导线的连接部位是线路运行的一个薄弱环节，经长期运行的线路接头，接触电阻可能会增大，接触恶化的接头，极易因氧化、腐蚀而发生断线故障。

(5)“外力破坏伤导线”是指：接地故障若是在良好的天气里发生，可能是外力破坏，如在线路附近伐树木时倒在线路上，线路跨越道路时被行驶的汽车碰断，或有人将金属物扔落在导线上等。

(6)“电气元件降绝缘”是指：电气线路上的电气元件，如绝缘子、避雷器、跌落式熔断器等电气设备，由于长期运行，绝缘子长期处于交变磁场中，使绝缘性能逐渐变差，绝缘材料发生裂纹、掉渣、脏污、闪络放电等，如造成绝缘子击穿；配电变压器台上的10kV避雷器或10kV熔断器绝缘击穿；配电变压器高压绕组单相绝缘击穿或接地；线路上的分支熔断器绝缘击穿等造成线路接地故障。

口诀60 10kV线路接地故障判断

接地故障巧判断，一低两高三不变。
负荷断线又接地，一高二低也常见。
断线、接地难分辨，用户电压分明显。
断线只有两相电，接地用户不明显。

说明

接到值班调度员关于线路接地的通知后，供电所人员或厂矿电工要了解：哪相接地，各相接地电压数值是多少，数值变化情况，数值是在不断变化或是稳定，以便对接地情况进一步分析原因、种类，尽快查找故障点。

(1) 一相对地电压接近零值，另两相对地电压升高$\sqrt{3}$倍，三相相电压未发生变化，这是金属性接地。

一相对地电压降低，但不是零值，另两相对地电压升高，但没升高到$\sqrt{3}$倍，这属于非金属性接地。

(2) 一相对地电压升高，另两相对地电压降低，这是非金属接地和高压断相的特征。

1）高压断线，负荷侧导线落在潮湿的地面上，没断线两相通过负载与接地导线相连构成非金属型接地。因此对地电压降低，断线相对地电压反而升高。

2）高压断线未落地或落在导电性能不好的物体上，或线路上熔断器熔断一相，被断开地线路又较长，造成三相对地电容电流不平衡，促使两相对地电压也不平衡，断线相对地电容电流变小，对地电压相对升高，其他两相相对较低。

3）配电变压器烧损相绕组碰壳接地，高压熔断器又发生熔断，其他两相又通过绕租接地，所以烧损相对地电压升高，另两相降低。

(3) 要将高压缺相与非金属性接地区别开来。高压断线未落地或落在导电性能不好的物体上，或线路上熔断器熔断一相，被断开地线路又较长，造成三相对地电容电流不平衡，促使两相对地电压也不平衡，断线相对地电容电流变小，对地电压相对升高，其他两相相对较低。

供电所人员接到调度员通知后，要将高压缺相与非金属性接地区分开来，通过查询末端用户上的电压是否平衡来判断是高压缺相还是非金属性接地。断线用户只有两相电，接地用户负荷电压变化不明显。

口诀61　10kV线路故障保护动作

线路故障停了电，保护动作巧判断。
速断动作查前端，约为全长数一半。
过流动作值较小，故障较远在后边。
速断过流同跳闸，故障位于线中间。

说明

运行中的10kV线路，因雷、风、雪自然灾害，以及遭受外力、环境污染等原因，常常会发生跳闸事故。10kV线路一旦发生跳闸事故，就会造成该线全线或部分线路大面积停电，势必会给用电企业带来经济损失，所以越早查出事故地点和原因，消除事故隐患，缩小事故停电范围，越早恢复通电，就能够减少供用电企业双方的经济损失。因此，当10kV线路发生跳闸事故后，应尽快组织力量进行查处。

事故发生在线路的地段不同，其继电保护动作是不一样的，线路故障跳闸后，应根据变电站继电保护和自动装置的动作情况来粗略判断故障性质及地段，以便尽快查出故障点。

（1）电流速断保护动作跳闸。电流速断保护的保护范围，一般为系统最大运行方式下发生短路时，保护范围最大，占线路全长的85%左右。而当线路处于最小运行方式时，保护范围最小，占线路全长的50%左右。因此，电流速断保护装置动作跳闸，则说明故障点一般大多位于线路前段（靠近变电所侧）。

（2）过电流保护装置动作跳闸。过电流保护的保护范围为被保护线路的100%。但通常过电流保护装置同时设有延时继电器，在与速断保护装置配合使用时，一般在线路后段发生故障时才动作跳闸。

（3）电流速断保护与过电流保护同时动作跳闸。此种情况一般说明故障点位于速断保护与过电流保护的共同范围，故障点大多位于线路中段。

所以，变电站断路器跳闸，要及时调查继电保护动作情况。根据继电保护装置的动作类型及特点，对故障性质及范围进行大致定位。

口诀62 配电线路接地故障查找

接地故障最常见，四种方法查因原。

人工巡线较简单，判断类型查重点。
分段选线较直观，断开分路验电源。
发光正常在支线，一相无电继续选。
隐形故障不明显，绝缘摇测或登杆。
钳形电表测电缆，安全措施想周全。
手持仪表查接地，首端开始顺线移。
数值突大又变小，该段位置有接地。

说明

10kV配电线路在实际运行中，经常发生单相接地故障，特别是在雨季、大风和雪等恶劣天气条件下，单相接地故障更是频繁发生。当配电线路发生单相接地后，故障相对地电压降低，非故障两相的相电压升高，但线电压却依然对称，因而不影响对用户的连续供电，系统可运行1～2h，这也是小电流接地系统的最大优点；但是，若发生单相接地故障后电网长时间运行，会严重影响变电设备和配电网的安全经济运行。因此，必须快速查找故障点，予以排除。在查找过程中采取人工巡线、分段选线、钳形电流表选线、接地测试仪查找等方法，并与绝缘摇测、登杆检查等方法相结合，尽快找到故障点并排除。

(1) 人工巡线法。“人工巡线较简单，判断类型查重点”的含义：首先根据故障现象判断出接地类型和重点地断后，可分组对有接地故障地配电线路进行逐杆检查巡视，如果不是隐形故障，一般都能查找到。

(2) 分段选线法。“分段选线较直观，断开分路验电源”的含义：如果接地线路较长，线路上又有分支开关，为尽快查找故障点，可先切断分支开关，再用验电笔测电源侧有无变化，缩小接地故障查找范围。

“发光正常在支线，一相无电继续选”的含义：

1) 先切开分支开关，断开后用验电器检验电源侧电压，如验电器像其他两相一样闪光，说明故障点在已停电的分支上，在通过巡视查找故障点。如果找不到，则应予以恢复通电。

2) 切除所有分支开关后，接地故障仍未消除，可切线路分段开关，应先切线路末端分支开关，用验电器检验是否消除，如未消除，再顺序向电源侧逐个切除，直至找到故障点。

3) 拉开开关选择隐形接地。“隐形故障不明显，绝缘摇测或登杆”的含义：经逐杆查找未找到故障点，可能隐性接地。避雷器或变压器内部接地可能性比较大，可逐个拉开配电变压器开关，用验电器检验是否消除。

由于绝缘子击穿而形成隐性接地故障，查找起来比较困难，可通过测量绝缘电阻办法予以确定。

(3) 用钳形电流表查电缆接地故障。“钳形电表测电缆，安全措施想周全”的含义：在正常情况下，通过电缆的三相电流之和等于零，当电缆中一相接地时，三相电流之和不等于零，这样就可测出该电缆或该电缆配出线的高压线有接地。

由于钳形电流表需直接卡住电缆，所以测量前要选好位置，做好相关安全措施。

(4) 用接地故障测试仪查找故障接地。这是一种比较先进的方法。探测仪是一只高次谐波接收器。线路发生单相接地后产生的接地电流，含有高次谐波，并产生相应的磁场，探测仪在接地范围内便可收到高次谐波产生的磁场，在仪器上显示出来。接地故障范围之外，高次谐波较弱，故探测仪没有显示或显示数字较小。

“手持仪表查接地，首端开始顺线移。数值突大又变小，该段位置有接地”的含义：使用测试仪时，手持仪器从接地的高压线路首端开始，调整好仪器，沿线路前进，时刻注意仪器指示。若仪器数字突然变大，再前进又变小，说明该段有故障接地。为了提高查找故障点的速度，也可用分段办法缩小故障范围。

口诀63 10kV线路接地故障绝缘电阻判断

线路故障测绝缘，低于四十不康健。
配变开关没拉开，三十以下不安全。
单个悬垂测绝缘，三百兆欧是界限。
针式瓷瓶五百兆，数值若低有隐患。

说明

10kV线路整体绝缘摇测判断法，可快速有效地发现绝缘不良的绝缘子成为线路接地故障查找的关键。

线路整体绝缘摇测法比较适用于长度较短、配电变压器数量较少，没有交叉跨越其他10kV及以上线路的10kV线路。线路整体绝缘摇测法实施前应首先采取安全措施，确保无向试验线路倒送电的可能性，特别是在工作线路两端不能挂短路接地线的情况下保证人身安全。在线路的最大分段点（能将线路分成前后长度最接近的断点）两侧，当然也可以将符合以上条件的某一支线视作整体线路绝缘电阻摇测。

这种方法既适用于对线路进行绝缘水平监测，总体掌握线路绝缘情况，又适用于传统处理方法查找不出线路接地故障时的情况。在用线路整体绝缘摇测法查找线路接地故障时，将摇测点两侧绝缘值进行比较，较低的一侧应为故障段。

在判断故障段的故障相前，应确保线路配电变压器和电容器均被可行断开，否则，绝缘电阻表摇测的三相绝缘值其实是三相相通的绝缘值，比真正的单相绝缘值要小许多。

由于在正常情况下同一侧 A、B、C 三相的绝缘值大体相同，所以摇测后将所有摇测故障段的三相绝缘值进行比较，绝缘值最低的一相应为故障相。按此法依次查找故障段，直至找到故障点。

单只悬式绝缘子 300MΩ，支柱绝缘子的绝缘电阻值不应小于 500MΩ。但是对于具体的某条线路的某段，应在线路投运时测量并详细记录当时的绝缘电阻值及环境温度，建立完备的线路绝缘档案，可为以后通过线路预防性试验进行绝缘数据的纵向和横向比较，判定线路绝缘是否良好打下良好的基础。在晴天，线路接地故障查找中测得的绝缘值，统计经验是低于 40MΩ 为不合格，若测试中配电变压器开关没有被拉开，则低于 30MΩ 即为不合格。

对于具体的某条线路的某段，应与最近一次预防性试验的绝缘值进行纵向比较，若绝缘值有较大幅度的下降，则可确定为绝缘损坏。对于线路分断点较少的线路，可在线路中间解开耐张杆引流线，将悬式绝缘子两侧视作开断点，分别在两侧摇测绝缘来判断接地故障点。

口诀64 配电线路接地和缺相的判断和分析

缺相要和接地辨，末端用户电压看。
断相电压低许多，接地变化不明显。
用户反映有缺相，站内监察压不平。
断线线路距离远，零克掉下也常见。
出现断相故障前，线路跳闸缺相现。
查看保护信息源，判断大致故障点。
有时过引线烧断，故障隐蔽难发现。
电笔检查细判断，断前正常点后暗。

说明

对于农村 10kV 配电线路来说，导线断线是最大的恶性事故之一。线路断线能引起相间短路，造成出线断路器跳闸，也能使 10kV 系统接地，给农村生产、生活用电和人民的生命安全带来极大危害。

农村 10kV 配电线路线长、面广，导线经常受到风雨、雷电的侵袭，以及其他因素的影响，因此，导线在运行中极易受损或断线。

配电线路断一相后，断线相线路又较长，变电站的绝缘监察装置可能出现三相对地电压不平衡，其中断线相对地电压升高，另两相对地电压降低，甚至发出接地报警。

(1)“缺相要和接地辨，末端用户电压看”是指：供电单位接到值班调度员通知后，要将高压缺相与非金属性接地区分开，通过查询末端线路上的用户电压是否平衡即可判定。

(2)“断相电压低许多，接地变化不明显”是指：在断线点前，三相线电压仍然平衡，用户可以正常用电；在断线点后，用户只有一相线电压正常，另两相线电压降低一半；低压用户的相电压将出现一相为零（断相那一相），另两相相电压降低$\sqrt{3}/2$倍。测量时，应将低压侧电容拉开，否则可能出现虚电压。在断线点后的用户不能正常工作，有的照明灯不亮，三相动力不能启动等。

在接到高压用户高压侧三相线电压不平衡报告时，应当立即询问同一高压线路另一个用户，如有同样电压不平衡现象，则该高压用户前侧的高压线路有断相情况。否则断相点在高压用户后侧。同理，可查得低压用户来判断缺相位置和断线点范围。

(3) 断线点的判断。

1）“用户反映有缺相，站内监察压不平。断线线路距离远，零克掉下也常见”是指：如果用户仅反映高压有缺相现象，变电站绝缘监察又出现三相对地电压不平衡，说明断线的线路较长。若变电站内电压监测装置发生一相对地升高，另两相降低指示值不平衡，也可能是由于线路上熔断器熔断一相，如果断开线路较长，造成三相对地电容电流不平衡，促使两相对地电压也不平衡，断线相对地电容电流变小，对地电压相对升高，另两相降低。

2）“出现断相故障前，线路跳闸缺相现”是指：如果出现缺相故障前，线路曾发生过跳闸重和良好，则说明缺相可能是短路故障引起的。可进一步查保护动作情况，是过流动作还是速断动作等，来判断故障点距首端大致距离。

3）“查看保护信息源，判断大致故障点”是指通过 查看线路保护动作信息大体判断故障性质或距离，也可通过电话或前去用户查询可大致确定断相点范围，缺相前用户电压正常，缺相后电压不正常，照明灯不亮，三相电动机不启动等。

4）“有时过引线烧断，故障隐蔽难发现。电笔检查细判断，断前正常点后暗”是指：如果是过引线烧断，有时不易发现，在可疑范围内，用三功能验电器检查，在断相点前检查时，三功能验电器均有反映，在断相点后检查三相电压时，验电器功能反应有明显差别，断线相闪光指示黑暗，旋转功能失灵等。

(4) 线路发生缺相原因主要有：

1) 在较长的高压线路上装的跌落式熔断器一相熔断或掉一相，大多是安装质量不良或熔丝容量不够引起的。有时，负荷侧高压线路短路也能引起熔断器熔断一相。

2) 过引线接点接触不好，在大负荷或短路电流冲击下烧断，一般多发生在高峰负荷季节。

3) 外力破坏引起断线，但未引起短路或短路后重合良好。

4) 导线有伤，没有及时处理，在大风天气或气温较低时断线，如导线断股、扭伤等。

5) 导线弧垂过小，气温低时断线，故障多发生在铝绞线上。

口诀65　架空线路导线故障的原因

传输电流用导线，机械电气荷载伴。
导线混连短路生，弧垂过大或不等。
导线拉断第二种，弧垂过小线破损。
导线接头薄弱点，容易发热线烧断。

导线震动断股生，固定之处缺包层。

说明

架空线路上的导线在正常运行情况下，承受着电气和机械的荷载，常因此而发生各种故障。导线一般故障可分为以下四种：

(1)“导线混连短路生，弧垂过大或不等”。导线混连是指在档距内导线碰撞而短路，较大的短路电流形成电弧，将导线熔化烧断。导线混连的主要原因及防止措施如下：

1）导线弧垂过大或水平排列的导线间弧垂不等。导线弧垂过大，在风力作用下互相摆动，而摆动的周期和幅度各不相等，因此，会出现某相导线摆动，而另一相不动或轻微摆动时，特别是当两导线摆动方向相反时便发生碰撞而短路。

2）在同一档距内使用不同种类的导线。

3）外力、外物的影响。

4）导线上结冰脱落或导线舞动。

(2)“导线拉断第二种，弧垂过小线破损”。导线本身有重量，再加上风力和多冰等力的作用，使导线承受拉力，当导线拉力达到破坏拉力时，导线会断线，被拉断的导线线头一端呈尖状。断线常发生在冬季或多雨季节。

1）导线拉力太大（弧垂过小）。导线拉力过大主要发生在冬季，冷天导线收缩，而导线拉力又与导线弧垂有着密切关系，同一种导线在同一档内，其所受的拉力与它的弧垂大小成反比。即弧垂大的导线拉力小，反之，则导线拉力增大。

2）施工时导线破损或导线制造不良。施工中常见导线损伤有导线背股、卡伤，死弯或线盘刮断股等。

3）导线上结冰而被拉断。

（3）“导线接头薄弱点，容易发热线烧断”。导线接头分为两种，一种为承受拉力的导线接头，另一种为导线不承受拉力的接头，即过引线接头。导线接头故障的主要原因有：

1）负荷过大引起导线接头发热烧损。

2）这类故障多发生在负荷大的季节，接头受热熔化造成断股或变股松股。

（4）“导线震动断股生，固定之处加包层”。导线震动引起导线断股、断线故障是很严重的。导线震动主要发生在大档距、空旷地区和丘陵地带的线路上。

由于导线震动频率很高，波幅又小，所以肉眼不易察觉。但细看又发现导线直径变粗，或类似有双线的感觉，严重时杆塔上会发出叮当声响。

为了防止导线因受震动在线夹处和固定处发生断股、断线故障，可采取下列措施：

1）适当放松导线弧垂，降低导线年平均运行应力。

2）加强线夹或固定处的导线，如包缠铝包带或加装护线条等。

3）加装防震锤。

口诀66　线路绝缘子故障及防止措施

导线与地隔绝缘，针式瓷瓶悬垂片。
六种原因可损坏，时刻注意可防范。
瓷质粗劣质量低，雨天吸潮阻变低。
施工不良有损伤，运行击穿闪络障。
雷击内部过电压，绝缘性能变的差。
污秽严重引污闪，定期清扫多加片。
外力损伤与破坏，出现裂纹和破碎。
长期运行承高压，逐渐老化性能差。

说明

绝缘子是电网中大量使用的一种绝缘部件，当前应用得最广泛的是瓷质绝缘子，也有玻璃绝缘子，有机（或复合材料）绝缘子也有了应用。

绝缘子的形状和尺寸是多种多样的，按其用途分为线路绝缘子和电站绝缘子，或户内型绝缘子和户外型绝缘子；按其形状分为悬式绝缘子、针式绝缘子、支柱绝缘子、棒型绝缘子、套管绝缘子和拉线绝缘子等。除此之外还有防尘绝缘子和绝缘横担。

瓷件（或玻璃件）是绝缘子的主要组成部分，它除了作为绝缘外，还具有较高的机械强度。为保证瓷件的机电强度，要求瓷质坚固、均匀、无气孔。为增加绝缘子表面的抗电强度和抗湿污能力，瓷件常具有裙边和凸棱，并在瓷件表面涂以白色或有色的瓷釉，而瓷釉有较强的化学稳定性，且能增加绝缘子的机械强度。

（1）“瓷质粗劣质量低，雨天吸潮阻变低”是指绝缘子因制造质量不良而损坏的故障。合格的绝缘子，瓷质是细腻洁白、表面涂釉均匀的。瓷质粗劣、性能差的针式绝缘子和悬式绝缘子的共同特点是雨天吸潮，绝缘迅速降低，以致闪络和击穿。这种劣质绝缘子打碎后，其瓷质粗糙、略呈褐黄色，滴上墨水即行扩散。有些针式绝缘子在胶合铁脚时，采用了硫磺或氧化铅等做胶合剂，而这些物质易受热膨胀，致使绝缘子炸裂。

（2）“施工不良有损伤，运行击穿闪络障”是指：绝缘子在搬运和施工过程中，可能会因碰撞而留下伤痕；在运行过程中，可能由于雷击事故，而使其破碎或损伤；由于机械负荷和高电压的长期联合作用，而导致劣化，这都将使其击穿电压不断下降，当下降至小于沿面干闪电压时，就被称为低值绝缘子。低值绝缘子的极限，即内部击穿电压为零时，就称为零值绝缘子。当绝缘子串存在低值或零值绝缘子时，在污秽环境中，在过电压甚至在工作电压作用下就易发生闪络事故。例如，电网曾多次发生由于存在零值绝缘子而引起的污闪事故；某电业局 110kV 线路，也曾因出现零值绝缘子，而导致绝缘子爆炸。因此，及时检出运行中存在的不良绝缘子，排除隐患，对减少电力系统事故、提高供电可靠性是很重要的。

在相关规程中，绝缘子试验指的是支柱绝缘子和悬式绝缘子试验，其试验项目如下：

1）零值绝缘子检测。

2）测量绝缘电阻。

3）交流耐压试验。

4）测量绝缘子表面污秽物的等值盐密。

运行中的针式支柱绝缘子和悬式绝缘子的试验项目可在检查零值、绝缘电阻及交流耐压试验中任选一项。玻璃悬式绝缘子不进行该三项试验，运行中自破的绝缘子应及时更换。

(3)“雷击、内部过电压，绝缘性能变的差”是指：配电系统中各种设备绝缘强度都是与本身额定电压有密切关系的。当电压过大，超过了绝缘本身允许的强度时，就会使绝缘损坏，绝缘子就会击穿、炸裂，这种有危险的、比设备本身额定电压高很多的电压叫过电压。

根据产生过电压的原因不同，可分为内部过电压和外部过电压。

1）内部过电压。又叫操作过电压，主要是由于断路器正常操作（特别是真空断路器）或电力系统中事故所引起的。例如，切合空载变压器时，可引起内部过电压，一般可升高到正常相电压的2.5～3.5倍，甚至4～5倍，个别情况还会更高，这对设备十分不利，通常加保护装置，例如用氧化锌避雷器来吸收过电压等。

2）大气过电压。又叫外部过电压，它是由于雷电放电引起的，大气过电压又可分为以下两种。

a. 直击过电压。它是由电力线路和电气设备直接受到雷击而引起的，其过电压数值可达几百万伏，对电气绝缘危害很大。

b. 感应过电压。在线路或电气设备上空有雷云存在，由于静电感应，在导体上就会积聚与雷云符号相反的电荷，雷云放电后，云与大地间的电场突然消失，导体上的电荷来不及立即流散，因而产生很高的对地电位，把这种因雷电而感应引起的电压波叫做感应过电压。防雷的基本方法有两种：一是使用避雷针、避雷线和避雷器等设备，把雷电流引入大地；另一种是要求各种电气设备绝缘水平有足够的强度，以提高抵抗力。这两方面配合好，就可以减少雷害。

(4)“污秽严重引污闪，定期清扫多加片”是指：在配电线路中，因为线路及其电气设备运行的环境不同，因此，线路及设备所受污秽也不同；而设备的污秽程度又影响线路及设备的安全运行，所以防污工作是一项重要工作。

1）污秽的种类。

a. 尘土污秽。空气中尘土飞扬，逐渐落到设备上，特别是落到绝缘子上，变形成了尘土污秽。土中不会有大量导电物质，所以对线路威胁并不太大，如农田使用大量化肥，便增加了土中的导电物质，这就容易引起绝缘子表面污闪，造成闪络故障。

b. 盐碱污秽。处于盐碱地区的线路，由风吹起含盐粒的尘土，落在绝缘子表面上，便形成了盐碱污秽。盐碱污秽对线路危害较严重，特别是沙土或半沙土的盐碱地区，常因遇到尘土风暴，而形成严重的盐碱污秽。

c. 海水污秽。线路靠近海岸附近，海浪冲击海岸引起海水飞溅或海水微粒，受风吹作用，把它们吹向远离海岸的地方，一旦散落在绝缘子表面上，在干燥的气象条件下，水分蒸发，微小颗粒的海盐则会积在绝缘子表面而形成海水污秽。

d. 工业污秽。如火力发电厂、化肥厂、水泥厂、焦化厂、玻璃厂、冶炼厂等工业企业排出的烟尘和废气，飘散在空中，当落在绝缘子表面上就形成工业污秽，这些污秽物质可能是液体、气体或固体。

e. 鸟粪污秽。在多鸟地区，鸟类污秽多发生在季节鸟集中的地区。鸟类停留在横担上，鸟粪就落在绝缘子上，便形成鸟粪污秽。

2) 防止污闪故障措施。上述各种污秽达到一定程度时，当遇有下毛毛雨、积雪融化、遇雾结露等潮湿天气时，会大大降低绝缘子的绝缘水平，从而增加了绝缘子表面的泄漏电流，引起绝缘子表面放电闪络，通常称为污闪。污闪故障波及广，且时间长，有时造成多条线路污闪停电，所以防止污闪保证线路安全运行极为重要。

a. 确定线路的污秽期和污秽等级。根据历年线路发生污闪的时期和绝缘子等值盐密测量结果，确定本地区线路的污秽季节或月份和污秽等级。这样，在污秽季节到来之前完成防污工作，同时对新建或大修改建的线路提供防污闪数据。

b. 根据绝缘子的脏污情况，定期清扫绝缘子。

c. 线路上若存在不良绝缘子，就会降低线路绝缘水平，必须对绝缘子进行定期测试。若发现不合格的绝缘子，要及时更换。

d. 增加悬式绝缘子串的片数；采用高一级电压的针式绝缘子；将终端杆的单茶台改为双茶台，也可将一个茶台和一片悬式绝缘子配合使用。

e. 对严重污秽地区，应采用防污绝缘子。

f. 一般绝缘子的瓷件表面的污秽物质吸潮后，会形成导电通路，为提高绝缘子的绝缘强度，可在绝缘子上涂防污涂料。

(5)“外力损伤与破坏，出现裂纹和破碎”是指外力损伤造成绝缘子损坏。线路上的绝缘子有时被抛掷砖块、石子或弹弓射中，以致发生裂纹硬伤、破碎等。在工地附近，由于土方爆破、崩山等原因，碎石可能砸伤绝缘子。附近有树林等多鸟地区的线路，也发生过猎人射击雀鸟时打中绝缘子的情况。

绝缘子发生裂纹或严重的硬伤后，有时在晴朗天气还能继续运行，但遇小雨、重雾天气，绝缘性能就急剧下降，以致发生闪络或绝缘击穿接地故障。发现有这种缺陷的绝缘子时，应立即更换。

(6)“长期运行承高压，逐渐老化性能差”是指绝缘子老化造成故障。在正常运行中，绝缘子承受着高电压，也承受较大的拉力，经过长期运行，其绝缘会逐步老化，绝缘能力降低，以致发生故障。严重老化了的绝缘子，其绝缘电阻已降低到不能继续运行的程度，应立即更换。

为了及时检测出运行中的老化绝缘子，运行人员应采用带电测试方法进行试验。此外，还可利用线路停电机会，使用绝缘电阻表测量绝缘子的绝缘电阻。

绝缘子通常运行20～25年即会普遍老化，而国内至今没有一个规定的通用方法检测普遍老化的绝缘子，通常是在线路上随机抽取200片（个）绝缘子进行试验，若报废率大于千分之五，则全线所有同批绝缘子必须全部更换。

口诀67　高压断一相线故障现象

高压熔丝一相断，低压电压怎么变。
断相电压十几伏，其余两相九折算。
电灯亮度比较暗，电机缺相后果惨。
断线点后线电压，一个正常两降半。

说明

当配电变压器一相熔断器熔断或高压一相断线时，配电变压器低压侧 a 相电压为零，其余 b、c 两相的电压为原电压的 0.866（$\sqrt{3}/2$）倍，大约为 190V。表现在电灯负载上，a 相电灯熄灭，b、c 两相电灯亮度比正常时暗（日光灯可能不能启动）。

事实上，受配电变压器铁芯中不平衡磁通的影响，配电变压器低压侧 a 相绕组会感应出电压，其大小取决于穿过 a 相绕组磁通的大小。这个电压在一定条件下（如 b、c 两相负荷很不相等，a 相负荷很小等），可能使电灯灯丝发红（微红），肉眼可见。普通 220V 白炽灯两端施加大于 15V 的电压就可使灯丝微红。

可见，当配电变压器高压一相熔断器熔断时，低压侧对应相的电灯微红或不亮（但有电压）；其余两相电灯的亮度降低。推理：如果出现一相灯丝微红或不亮但有电压，其余两相变暗，则可能是高压侧发生了一相熔断器熔断故障。

高压缺相，若电路中接有电动机等负荷，则将造成电动机的缺相运行，将会烧坏电动机，其危害是相当大的。

配电线路发生缺相故障后，在断线点前，三相线电压仍然平衡，用户可以正常用电；在断线点后，用户只有一相线电压正常，另两相线电压降低一半。

口诀68 带电灯负载配电变压器高、低压侧一相熔断器熔断现象

高压一相熔丝断，对应低压稍有电。
其余两相压同降，约为原数九折算。
低压一相熔丝断，断相灯灭没有电。
其余两相压正常，中线电流等相线。

说明

配电变压器 Yyn0 接线，带电灯负载，低压侧 a 相熔断器熔断，如图 3－1 所示。

低压侧 a 相熔断器熔断后，线路 a 相电压为零，电流也为零，故 a 相电灯熄灭，但 b、c 两相电压正常（仍为 220V），电灯亮度不变。因电灯负载功率因数为 1，故电流与电压同相，这时中性线中有电流流过，为 b、c 两相电流的矢量和，即 $i_0=i_b+i_c$。因配电变压器低压侧 a 相绕组感应电动势不变，故 a 相熔断熔断器两端电压为相电压 220V。

显然，对于电灯负载，配电变压器高压侧一相熔断器熔断与配电变压器低压侧一相熔断器熔断后的表征不同，具体描述如下：

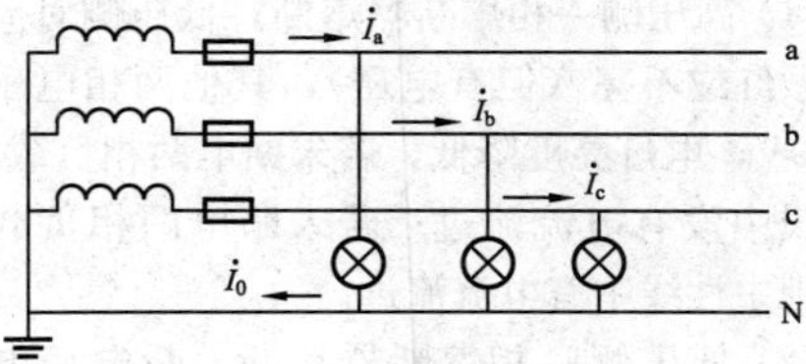

(a)

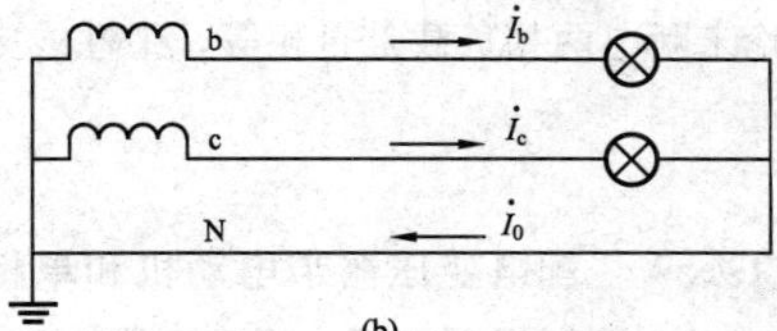

(b)

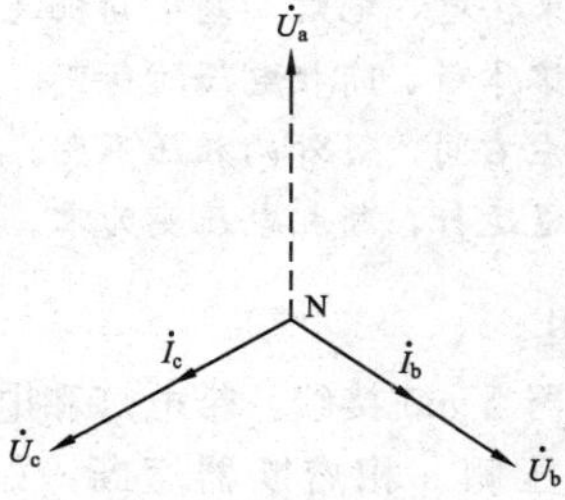

(c)

图 3－1 变压器低压侧一相熔断器熔断故障

(a) 原理图；(b) 低压等值图；(c) 低压矢量图

(1) 高压侧一相熔断器熔断，低压侧对应相的电灯微红或不亮（但有电压），其他两相电压降低为190V，电灯亮度降低。若未断电两相负载相等，中性线中没有电流流过；若未断电两相负载不相等，则中性线中有电流流过。

(2) 低压侧一相熔断器熔断，断电相电灯熄灭，未断电相电压正常，仍为220V，电灯亮度不变。无论未断电两相负载是否相等，中性线中都有电流流过。

口诀69 配电变压器带电动机和单相负载时低压侧断一相熔断器故障

三相四线来供电，电灯、星接电机连。
低压一相熔体断，断相电压随荷变。
断相九十左右间，另外两相压不变。
电机负载退运行，断相电压变为零。

说明

配电变压器Yyn0接线，带电灯和电动机（Y接）负载，低压侧a相熔断器熔断，如图3-2所示。

通过计算分析，当低压a相熔断器熔断时，b、c两相电灯负载正常，a相电灯所承受的电压取决

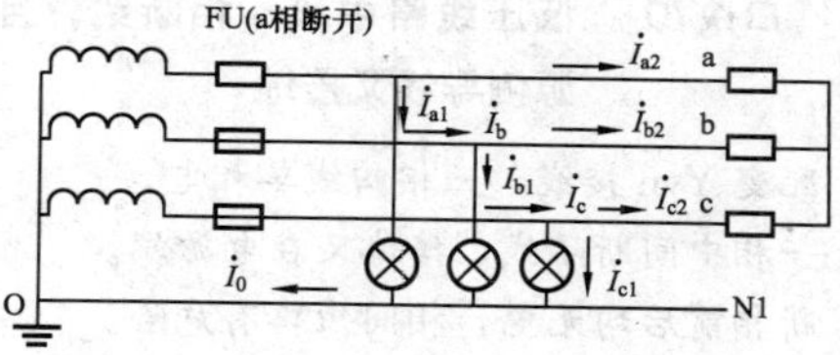

(a)

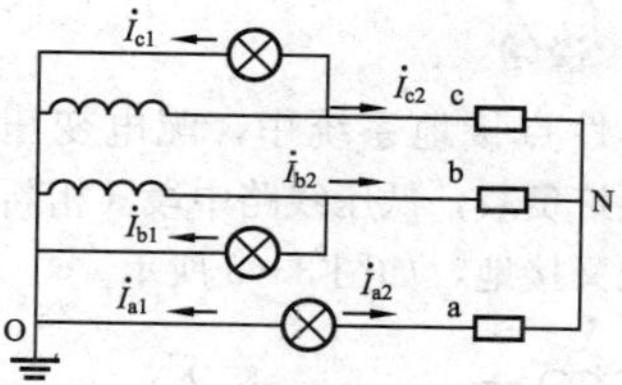

(b)

图 3-2　配电变压器低压侧一相熔断器熔断故障
(a) 原理图；(b) 低压等值图

于 a 相电灯的多少，其两端电压总在 73.3～110V 之间变化。显然，220V 的白炽灯，承受 110V 以下的电压，其亮度就很暗了。

可见，在带电灯和电动机混合负载时，低压 a 相熔断器熔断后的主要表征是：未熔断相电灯正常，熔断相电灯亮度严重不足，当把电动机退出运行，a 相电灯立即熄灭。

口诀70 低压线路中段a相断线，且于电源侧导线又接地

配变 Yyn 接线，三相四线单相电。
一相中间断了线，接地又在电源端。
断相前后均无电，相间短路有危险。
保护跳闸熔丝断，否则绕组会烧惨。

说明

在中性点接地系统中，配电变压器 Yyn0 接线，带电灯负载，低压线路中段 a 相断线，且于电源侧导线又接地，如图 3－3 所示。

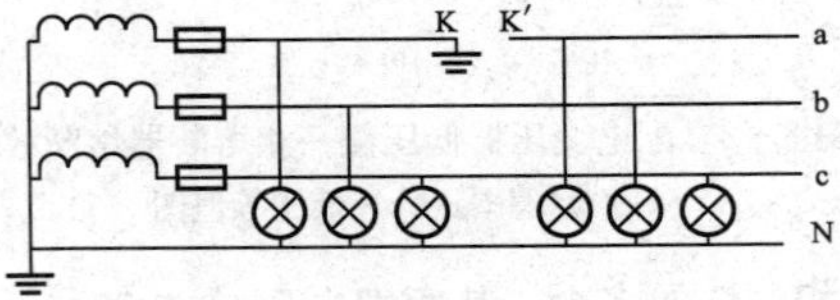

图 3－3 低压线路中段 a 相断线，且于电源侧导线又接地

这时，接地点 K 与中性点接地点经大地接通，造成配电变压器 a 相绕组短路，故 a 相电灯熄灭，故障点后的 a 相电灯也随着故障的发生而熄灭。其他未断线相正常。断线点两端电压 $U'_{KK}=0$。当这

种故障发生后，保安器或其他保护（如熔丝）应能迅速动作，将低压侧负荷或有选择地把 a 相负荷切除。否则，配电变压器 a 相绕组将被很大的短路电流烧毁。

口诀71　低压线路中段 a 相断线，且负荷侧导线又接地

配变 Yyn 接线，三相四线单相电。
一相中间断了线，接地又在负荷端。
故障点前压正常，断线点后没有电。
断点两侧测电压，二百二十左右间。

说明

配电变压器 Yyn0 接线，带电灯负载，低压线路中段 a 相断线，且于负荷侧导线又接地，如图 3－4 所示。

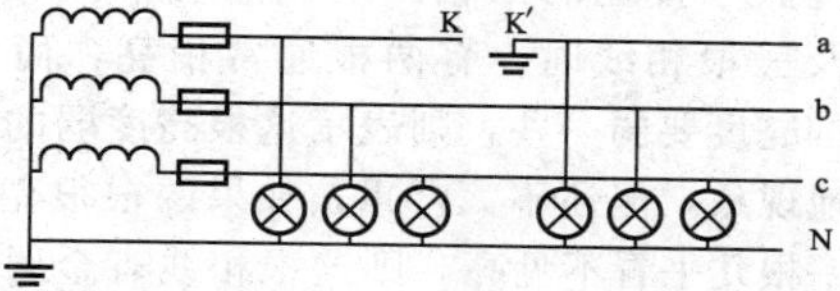

图 3－4　低压线路中段 a 相断线，且于负荷侧导线又接地

显然，未断线相电灯正常，故障点前的 a 相电灯正常，故障点后的 a 相电灯熄灭。断线点两端的电压 $U'_{KK}=220V$。

口诀72　用电笔判断 380/220V 制供电线路相线接地故障

配变低压三相电，出现故障电笔验。
三线只有两根亮，亮度可比平时强。
剩余一根亮度低，该相导线已接地。
若是几乎不见亮，金属接地的故障。
三相四线来供电，中点接地很关键。
接地断开或不良，一相接地更危险。
中线带电氖泡亮，人若接触命可丧。

说明

（1）电力变压器的二次侧一般都接成Y形，在中性点不接地的三相三线制系统中，用验电笔触及三根相线时，有两根通常稍亮，而另一根上的亮度要弱一些，则表示这根亮度弱的相线有接地现象，但还不太严重；如果两根很亮，而剩余一根几乎看不见亮，则这根相线有金属接地故障。

（2）三相三线制供电，在单相金属性接地后，该相对地电压等于零，而其他两相电压则升高$\sqrt{3}$倍（即线电压）。

(3) 配电变压器中性点接地不良或没有接地，当发生一相相线接地或三相负荷不平衡时，中性线上有很高的电压，人若触及，就有触电危险。

故障实例

在某10kV线路柱上安装的一台50kVA变压器的接地引下线处，发生了一起触电事故。某天下午17时，几个学生到此变压器台旁的小河边游泳。18时15分左右，一个学生上岸休息，他走到柱上变压器的接地引下线处，背靠电杆和变压器右边支架撑杆休息，不料触电死亡。

现场检查该变压器的接地引下线，发现接地引下线采用的是铝线，与接地极连接处已全部断开。同时该变压器供电的低压线路质量低劣，绝缘老化，一相对地漏电严重，使得变压器中性点位移严重，测得中点处带电近200V。由于支架与变压器外壳及中点接通，所以，当这个学生游泳上岸后，将潮湿的后背靠在变压器支架上时，因接地引下线断裂，电流就立即通过人体流入大地，造成学生触电伤亡。

口诀73　相线和中性线错接线的检修

单相电器接电源，相线中线不可反。
断开开关测两端，都为高位线接反。
电器外壳有带电，可能外壳接相线。

说明

用一根相线和一根中性线可构成单相交流电源。相线为高电位，中性线为低电位。在一般情况下，电源的相线和中性线接入电路时并不要求严格区分，如供给洗衣机、电风扇的线路。但在许多情况下，相线和中性线是不能接错的，如安装电源开关、螺口灯头等的线路，人如果触及相线就会有触电危险。

检修相线与中性线接错故障，要求检修者首先能够判断这种故障，其次要能正确找出相线和中性线。如果出现下列现象，通常应考虑相线和中性线接反了。

(1) 断开开关后，电器的两接线端子上仍有电（确切地说是仍处于高电位），说明相线和中性线接反了。

(2) 已接地和接零的电气设备金属外壳有带电现象，可能是金属外壳接到相线上了。

口诀74　低压验电笔判断交流单相电路故障的方法

单相电路开关合，设备怎么不工作。
相线零线都发亮，零线断裂或脱落。
若是两端都不亮，电源相线出差错。
亮灭正常查设备，内部断路断电测。

说明

(1) 对于单相用电设备，当通电后不能工作时，可用验电笔判断出现电路故障的原因。若接触相线和中性线时电笔都亮，则说明电源的中性线有断路故障（此时用电设备的电路是正常的，起码是可以通过电流的）。

(2) 若接触相线和中性线时电笔都不亮，则说明电源的火线有断路故障。

(3) 用验电笔接触用电设备的两个进线端，若验电笔显示正常（接触相线时亮，接触中性线时不亮），则表明是用电设备内部的电路有断路故障，应停电仔细查找。

口诀75　根据熔丝熔断判断线路故障性质

熔丝熔断细心看，故障原因巧判断。

断口较小在中间，线路过载长时间。
熔丝外露全不见，严重短路故障点。
压钉附近小断口，螺钉松动没压严。

说明

熔丝是电器设备及家庭用电的常用保护元件。经验表明，根据熔丝熔断的情况，可迅速判断故障的性质，以便快速查找故障原因，恢复供电。

(1)"断口较小在中间，线路过载长时间"是指：熔丝的中部产生较小的断口，是因为流过熔丝的电流在较长时间内超过了其额定值，熔丝两端的热量可经压接螺钉散发掉，而中间部位热量聚集不散以致熔断，因此这样的故障现象是线路过载造成的。应查明过载原因，并核实熔丝选择是否正确，重新压接新的熔丝。

(2)"熔丝外露全不见，严重短路故障点"是指：熔丝外露部分全部熔爆，仅有螺钉部分残存。这是因为中间部位导体截面积小，不能承受强大的瞬时电流冲击，因而在此部位烧断。此时，线路或用电器发生了短路故障。应彻底查明故障点，不可盲目加大熔丝，以免造成更大危害。

(3)"压钉附近小断口，螺钉松动没压严"是指：熔丝断口在压接螺钉附近，且断口较小。这种状态往往可以看到螺钉变色，产生氧化现象。这是由于压接不紧或螺钉松动所致。应清理（或更换）螺钉，重新压接相同容量的熔丝。

口诀76　10kV 架空线路绝缘电阻测量

电力线路测绝缘，先把摇表电压选。
一千以上二千五，一千以下选一千。
三至五年测一次，留好记录查缺陷。
一般大于一百兆，长度、湿度值改变。
遇有平行和交叉，感应电压不能测。
做好措施测单个，悬垂三百柱五百。

说明

（1）测量电气设备的绝缘电阻，应根据电气设备电压等级选择绝缘电阻表（又称兆欧表、摇表）。测量 1kV 以上的线路，用 2500V 绝缘电阻表；测量 1kV 以下的线路，用 1000V 绝缘电阻表

（2）测量电气设备绝缘电阻时，必须将该电气设备所有的电源断开。对于 10kV 线路，一般每 3～5年就应对线路测一次绝缘情况，并作好详细记录，以便下次测量时予以比较。一般线路在拉开线路中变压器时，绝缘电阻应大于 100MΩ。这只是

个大约数，具体每条线路绝缘电阻值大小，与线路长度、测量时天气湿度关系非常大。

（3）在可能由两侧及以上受电的高压联络线路上测量绝缘电阻时，应取得该线路他端负责人员的书面或电话同意，说明线路隔离开关和油断路器均已经拉开后，方可进行测量。

（4）在双回路高压线的一回路上进行测量时，必须将另一回路停电，若单回路与另一带电高压设备线路平行时，也不得用绝缘电阻表测量绝缘电阻。雷电时，禁止在架空线路上用绝缘电阻表测量绝缘电阻。

口诀77　低压线路绝缘电阻要求

低压线路绝缘好，电阻不小点五兆。
单个元件绝缘子，电阻不小二十兆。
低压避雷绝缘好，电阻不小二个兆。

说明

GB 50150—2006《电气装置安装工程　电气设备交接试验标准》要求如下：

（1）测量低压线路电阻，不应小于0.5MΩ。

（2）低压线路用单个绝缘子，用用500V绝缘电阻表测量，绝缘电阻不小于20MΩ。

（3）低压（1kV及以下）金属氧化物避雷器绝

缘电阻，用500V绝缘电阻表测量，绝缘电阻不小于2MΩ。

口诀78 室内线路绝缘电阻要求

室内线路保安全，每年定期测绝缘。
一般不低零点五，雨天一百除八算。
低压电器同连线，不低一兆好绝缘。

说明

室内线路绝缘电阻应满足相关规程要求。绝缘电阻降低，易引起触电、漏电和火灾事故。

DL/T 736—2000《剩余电流动作保护器农村安装运行规程》规定：农村每户线路对地绝缘，晴天不宜小于0.5MΩ，雨天不易小于0.08MΩ（即一百除八）。

GB 50150—2006要求：测量低压电器连同所连接电缆及二次回路的绝缘电阻，不应小于1MΩ，在比较潮湿的地方，可不小于0.5MΩ，

口诀79 低压三相负荷不平衡的危害及对策

三相负荷不平衡，六个方面危害生。
配变损耗显著增，出力减小容下行。

各相电压不对称，零序增大温度升。
电机效率下降多，线路损耗猛地增。
为保负荷三相平，四个方面细调整。
三组单相三相引，三相单相尽量平。
定期测量流平衡，五分之一得调整。
单相接户限长度，一百米内限五户。
单相用电电焊机，错开相别和台数。

说明

低压电网若在三相负荷不平衡度较大情况下运行，将会给低压电网与电气设备造成不良影响。

(1) 三相负荷不平衡的危害。

1)“配变损耗显著增”是指：三相负荷不平衡使配电变压器损害增大。变压器的损害包括空载损耗和负载损耗。正常情况下，变压器运行电压基本不变，即空载损耗是一个恒量，而负载损耗则随变压器运行负载的变化而变化，且与负载电流的平方成正比。在变压器输出相同容量的情况下，不对称运行使变压器有功损耗增大。

2)“出力减小容下行”是指：变压器出力降低。由于变压器绕组结构是按对称运行情况设计的，三相绕组结构性能一致，其最大允许出力受每相额定容量的限制。当不对称运行时，负载轻的相就有富裕容量，从而使变压器出力降低，变压器的备用容量亦相应减小，同时过载能力也降低。

3)“各相电压不对称”是指：三相负荷不平衡使各相电压不平衡。由于三相配电变压器是按对称运行情况设计的，三相负载对称时，三相电流相等，则变压器内部压降相同，所以输出电压是对称的。当三相负载不对称时，各相电流不一致，因此各相在变压器内部的电压降低就不相等，造成三相输出电压不对称。当变压器三相负载很不平衡时，中性线电流较大，由于中性线具有较大的阻抗压降，从而使中性点位移，引起各相电压畸变，降低电能质量，影响各相负载的正常运行。

4)“零序增大温度升”是指：三相负荷不平衡使零序电流增大，导致配电变压器局部金属件温度升高。三相负载不平衡运行下的配电变压器，必然产生零序电流。这个零序电流随不对称程度大小而变化，不对称程度越大，零序电流就越大。零序电流在变压器铁芯中产生零序磁通，这些零序磁通在变压器的油箱壁及钢构件中通过，构成通路。而设计这些钢构件时不考虑导磁，所以由此引起的磁滞和涡流损耗，造成配电变压器局部金属件温度升高，并使功率损耗增加，严重时将导致变压器运行事故。

5)“电机效率下降多”是指：三相负荷不平衡

降低电动机的效率。由于变压器三相负载不平衡引起的不平衡电压，存在着正序、负序和零序 3 个电压分量。当通入电动机后，负序电动势就产生与正序电动势相反的旋转磁场，起到制动作用，由于正序磁场比负序磁场强，电动机仍与正序磁场旋转方向一致。但由于负序磁场的制动作用，使电动机输出功率减小。

6)“线路损耗猛地增”是指：三相负荷不平衡增加配电线路损耗。电流通过导体产生的功率损耗与线路电流的平方成正比。在三相四线制供电线路中，其功率损耗为

$$P = I_U^2 R_U + I_V^2 R_V + I_W^2 R_W + I_0^2 R_0$$

式中 I_U、I_V、I_W——各相配电线路的电流；

I_0——中性线电流；

R_U、R_V、R_W——各相配电线路的电阻值；

R_0——中性线电阻值。

当三相负载平衡时 $I_U = I_V = I_W = I$，$I_0 = 0$，其损耗为

$$P = 3I^2 R$$

式中 I——配电线路流过的电流；

R——配电线路电阻值。

在最大不平衡时，即某相为 $3I$，另两相为零，中性线电流为 $3I$，功率损耗为

$$P=(3I)^2R+(3I)^2R_0$$

所以在输送相同容量的情况下，三相负荷不对称造成的线路损耗比较大，运行是极不经济的。

同时，低压电网中由于三相负载不对称和非线性负载产生3次谐波电流，可导致中性线电流达到相电流1倍甚至3倍。由于中性线导线的截面通常选为相线的一半，将导致中性线严重过热，甚至引发火灾，或将中性线烧断而造成电气设备烧坏事故。

（2）减少三相负载不对称运行的措施。调整三相负载使之趋于平衡，这是无需增加设备投资的最佳降损措施。

1）“三组单相三相引，三相单相尽量平”是指：为了取得三相负载的对称，三组单相接户线应尽量由同一电杆上分别从U、V、W三相引下，且三组单相接户线的负载应尽量平衡。

因此，只要把单相负荷用电户均衡地分配到三相上，就能实现三相平衡。但必须要注意，均衡分配用户不仅是形式上每相接单相负荷用户总数的1/3，而是要把其中用电负荷、漏电情况在同一等级的用户也均衡地分配到三相上。例如，某村单相用户，其中，用电水平一般户，负荷较小，日用电时间较短，线路质量较差；用电水平较高户，负荷较大，日用电时间较长，线路质量较好；地埋线户，泄漏电流较大，则每相上应尽量接这三类用户的各1/3。

2)“定期测量流平衡，五分之一得调整”是指：定期测量三相接户线的负载，检查三相负载是否平衡。不平衡时，应及时进行调整。有关规程规定：配电变压器出口处的负荷电流不平衡度应小于10%，中性线电流不应超过低压侧额定电流的25%，低压主干线及主要分支线的首端电流不平衡度应小于20%。

3)“单相接户限长度，一百米内限五户”是指：减少单相接户线的总长度，一般不超过100m，单相用电户数不超过5户，超过时，必须从三相四线制线路上引出，如距三相四线制线路较远，应重新架设三相四线制线路。

4)“单相用电电焊机，错开相别和台数”是指：三相四线制线路上所带的电焊机应根据电焊机台数，分别规定出所接电源的相别，并尽可能规划出其使用时间。

口诀80 低压三相四线制中性线断开的危险

三相负荷不平衡，就怕运行断了零。
阻大压大电压变，家电群坏事故生。

配变中点断了线，零线带电留隐患。

为防配变中线断，加强维护增截面。

说明

在三相四线制供电系统中，中性线是不允许断开的。如果中线断开，线电压虽然仍对称，但各相不平衡负荷所承受的对称相电压则不再对称。

通常，当单相用电设备（如照明及一般的家用电器）接入三相四线系统时，应尽量使各单相的负荷平衡分配于三相上。如果三相不平衡，系统中的中性点将发生电压偏移。因此，在三相四线系统中，必须接入中性线，且使中性线阻抗很小，才能消除中性点位移。

通过分析得出，如果中性线断开，各相负载承受的相电压将不再对称。有时能将某一相上的灯泡、电视机等全部烧坏。首先烧坏的往往是阻抗较大（也就是负荷较小）的那一相，因为它的电压会大大超过额定值。如果情况没有制止，剩下的两相中阻抗较大的那一相，可能同样又被烧坏。这就是口诀所说的“阻大压大电压变，家电群坏事故生”。

故障实例

一位老人经过某台柱上配电变压器时，可能是感觉疲劳，用一只手扶变压器的电杆，不想正好摸到变压器外壳接地线和变压器中性线的接地线的引下线，随后便倒在电线杆上死亡。

事故发生后，经检查分析发现，柱上变压器外壳接地线和中性点的接地线与接地体连接的固定螺栓被人偷去。此时，这个供电系统成为中性点不接地系统，负荷不平衡时，中性线带电。

配电变压器的外壳接地线和中性点的接地线在人体接触时，一般不会发生触电，因为人与接地点处于同一电位，一般不会产生接触电压。老人手摸接地线造成触电，是因为接地线在靠近地面处的接地螺栓丢失，使接地引线和接地体脱离，当老人手碰触到接地线时，电流通过人体，造成触电，如图 3－5 所示。

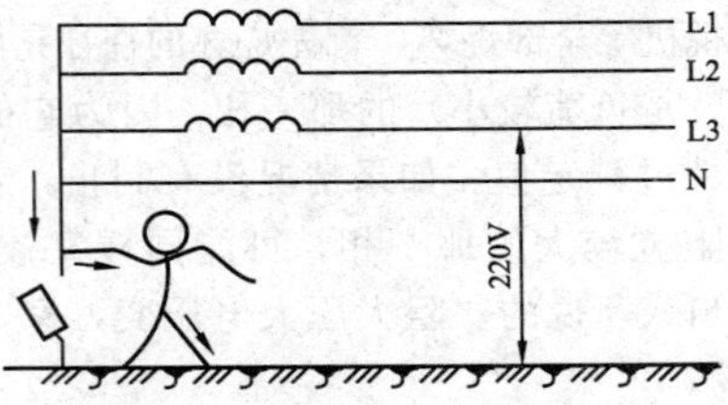

图 3－5　因变压器接地体连接螺栓丢失引起的触电事故

第四章

电力电缆线路常见故障分析及处理

口诀81　电力电缆的结构

电缆结构有三层，芯线、绝缘和护层。
电缆导体有两种，金属材料铝和铜。
电缆绝缘也有三，油纸、挤包、压力缆。
电缆护层分两部，包括内护和外护。
交联电缆新产品，机械、电气性能稳。

说明

电力电缆是用来传输和分配电能的电缆，电线电缆多铺设于城镇的地下，用于城镇供电电网、变配电站的引出线路、工矿企业的内部供电等。

(1) 电缆的基本结构由导体、绝缘层和护层三大部分组成，如图4-1所示。对于6kV及以上电缆，导体外和绝缘层外还有屏蔽层。

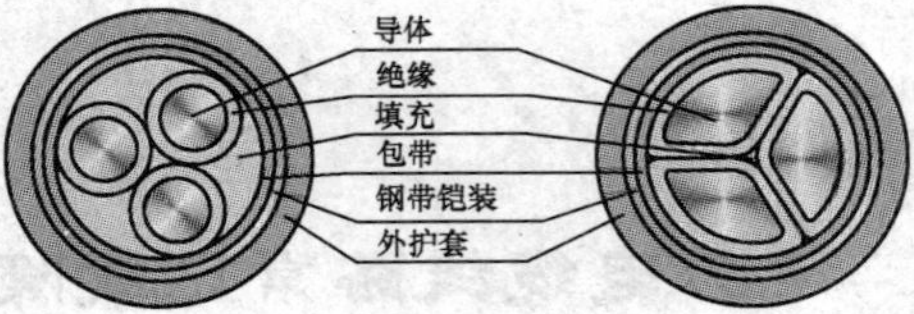

图 4-1 电力电缆的结构

(2) 导体是电缆中传导电流的最重要的组成部分，常用电缆导体材料是金属铜和铝，这两种金属的电导率大、机械强度高、易于加工。

线芯是电力电缆的最主要工作部分，是电力电缆的导电部分和输送电能的载体。电力电缆的其他结构都是线芯的保护结构，其作用是确保线芯的工作安全。

(3) 电力电缆的绝缘层是将线芯与外界隔离的主要保护层，它能保证电能的输送，是电力电缆结构中不可缺少的部分。电缆绝缘有油纸绝缘、挤包绝缘和压力绝缘三种。

1) 油纸绝缘是电缆纸和浸渍剂复合绝缘材料。

2) 挤包绝缘包括交联聚乙烯绝缘、聚氯乙烯、聚乙烯绝缘等。

3) 压力电力绝缘是处于一定压力下的油纸绝缘。

(4) 电力电缆的保护层用于保护电力电缆的内

部结构，确保其与外界的杂质分开，防止外力对电力电缆的破坏。

此外，电力电缆的屏蔽层多用于 10kV 以上的电缆。

(5) 交联是高分子化学的一个术语。交联聚乙烯绝缘电力电缆具有卓越的热—机械性能、优异的电气性能和耐化学腐蚀性能，还具有结构简单、质量轻、敷设不受落差限制等优点，是目前广泛用于城市电网、矿山和工厂的新颖电缆。

交联聚乙烯是利用化学方法或物理方法使线型分子结构的聚乙烯转变为立体网状结构的交联聚乙烯，从而大幅度地提高了聚乙烯的热—机械性能，并保持了优异的电气性能。

交联聚乙烯绝缘电力电缆导体最高额定工作温度为 90℃，比纸绝缘电缆、聚氯乙烯绝缘电缆、聚乙烯绝缘电缆均高，所以电缆的载流量也进一步提高。

口诀82 电力电缆的型号及含义

电缆型号用字母，只要用心可记住。

聚氯乙烯为 V 字，双 V 表示有外护。

聚乙烯缆字母 Y，交联电缆加个 J。

L为铝铜为T，铜可省略不表示。

铠装、外被、外护层，两个数字意不同。

铠装数字2、3、4，钢带、细、粗圆钢丝。

外护常用有两数，2、3意义记清楚。

2为聚氯乙烯护，聚乙烯为3字数。

说明

电力电缆的种类繁多，用途各异，为了便于按其特点和用途统一命名，使设计、订货、缆盘标记更为简易和防止出现差错，国家标准将不同门类的产品用型号使其系列化、规范化、标准化。

我国电缆产品型号的编制原则如下：

(1) 一般由有关汉字的汉语拼音字母的第一个大写字母表示电缆的类别特征、绝缘种类、导体材料、内护层材料及其他特征等。

(2) 对外护层的铠装类型和外被层类型，则用两个数字表示，第一位数字表示铠装层，第二位数字表示外被层。

(3) 字母的确定方法、排列顺序及含义如下：

1) 一般用能说明该型号各组成部分特点的典型汉字的第一个拼音字母来表示，如纸绝缘用纸(ZHI)的第一个字母，Z—纸。

2) 为了减少型号字母的个数，最常见的代号可以省略，如导体材料在型号中只用 L 表明铝芯，铜芯 T 字省略，电力电缆符号省略。

电缆产品型号中字母含义见表 4-1，外护层代号数字含义见表 4-2。

表 4-1　　电缆产品型号中字母含义

类别、特征	绝缘	导体	内护层	其他特征
电力电缆（省略） K—控制；C—船用； P—信号；ZR—阻燃； B—绝缘电线	Z—纸；X—橡胶； V—聚氯乙烯； Y—聚乙烯； YJ—交联聚乙烯	T—铜芯； L—铝芯	V—聚氯乙烯护套； Y—聚乙烯护套； H—橡套； L—铝包；	D—不滴漏； F—分相金属套； P—屏蔽； CY—充油

表 4-2　　外护层代号数字含义

数字标记	铠装层	外护层或外护套
0	无	—
1	联锁铠装	纤维外护
2	双层钢带	聚氯乙烯外套
3	细圆钢丝	聚乙烯外套
4	粗圆钢丝	
5	皱纹（轧纹）钢带	
6	双铝（或铝合金）带	
8	铜丝编织	
9	钢丝编织	

电力电缆型号含义如下：

□□□□□□□×□+□×□

- 中性线芯截面积（mm^2）
- 中性线芯用“1”表示
- 线芯截面积（mm^2）
- 线芯数
- 额定电压（kV）
- 外户层：例如 22 表示钢带铠装聚氯乙烯套
- 特征：P— 干绝缘；F— 分相绝缘；Q— 轻型护套；Z— 中型护套；C— 重型护套
- 护套：Q— 铅笔；L— 铝包；H— 橡皮；HF 或 W— 氯乙烯橡皮；Y— 聚乙烯；V— 聚氯乙烯
- 导体；L— 铝芯；铜芯不表示
- 绝缘层；Z— 纸绝缘；X— 橡皮绝缘；V— 聚氯乙烯绝缘；Y— 聚乙烯绝缘

速算举例

【例 1】 YJV22/ZR - 1kV，3×2.5 型号含义。

YJV22/ZR 称为型号，常写作 ZRYJV22。

ZR 表示燃烧特性，燃烧特性有阻燃（ZR，又分 A、B、C 三级，如 ZB）、耐火（NH，也分 A、B、C 三级，如 NA）、无烟（W）、低卤（D）。

YJ 表示绝缘层材质，常见的有：Y 表示聚乙烯（化学简称 PE）；YJ 表示交联聚乙烯（XLPE）；V 表示聚氯乙烯（PVC）。

V 表示外护套材质，常见的有聚氯乙烯（PVC）、聚乙烯（PE）。

22 的前一个数字表示铠装材质，2 表示钢带铠装，3 表示细钢丝铠装；后一个数字表示外护套材质，2 表示聚氯乙烯外护套，3 表示聚乙烯外护套。

1kV 表示额定电压等级，标准格式应写作 0.6/1kV，0.6kV 表示导体对“地”的电压，1kV 表示导体各“相”间的电压。

3×2.5 表示规格，3 表示芯数，即电缆由三根绝缘线芯绞合而成。多根细丝绞合，包上绝缘，方才算“1 芯”；2.5 表示导体的“标称截面积”。

【例 2】 VV22 表示聚氯乙烯绝缘聚氯乙烯护套钢带铠装电力电缆。

【例 3】 YJV22 表示铜芯交联聚乙烯绝缘聚氯乙烯护套钢带铠装电力电缆。YJLV22 表示铝芯交联聚乙烯绝缘聚氯乙烯护套钢带铠装电力电缆。

口诀83 聚氯乙烯绝缘电力电缆的载流量速算

电力电缆求电流，截面系数相乘求。
10 下为五 100 上二，25、35 四三界。
70、95 两倍半，铝芯电缆降级算。

说明

(1) 该口诀以铜芯绝缘电缆明敷在环境温度

25℃的条件为准。若条件不同，则口诀另有说明。绝缘线包括各种型号的铜芯绝缘电缆。该口诀对各种截面的载流量（电流，A）不是直接指出，而是“用截面积乘以一定的倍数”来表示。为此，应当先熟悉电力电缆截面积（mm^2）的排列：1，1.5，2.5，4，6，10，16，25，35，50，70，95，120，150，185，…

（2）该口诀指出：铝芯绝缘线载流量（A），可以按截面积的多少倍来计算。该口诀中阿拉伯数码表示导线截面积（mm^2），汉字表示倍数。把口诀的截面积与倍数关系排列起来便如下：

10	16～25	35～50	70～95	120…
五倍	四倍	三倍	两倍半	二倍…

现在再和该口诀对照就更清楚了。原来“10下为五100上二”“10下为五”是指截面积从10mm^2以下，载流量都是截面数的五倍。“100上二”是指截面积100mm^2以上，载流量都是截面数的两倍。

截面积25与35是四倍和三倍的分界处，这就是“25、35四三界”。而截面积70、95mm^2则为2.5倍。从上面的排列可以看出：除10mm^2以下及100mm^2以上之外，中间的电缆导线截面积是每两种规格属同一倍数。

下面以明敷铜芯芯绝缘电缆线，环境温度为25℃，说明电缆导线载流量。

【例 1】 $6mm^2$的铜芯芯绝缘电缆线，按 10 下五，算得载流量为 30A。

【例 2】 $150mm^2$的铜芯芯绝缘电缆线，按 100 上二，算得载流量为 300A。

【例 3】 $70mm^2$的铜芯芯绝缘电缆线，按 70、95 两倍半，算得载流量为 175A。

从上面的排列还可以看出，倍数随截面的增大而减小。在倍数转变的交界处，误差稍大些。例如截面 25 与 35 是四倍与三倍的分界处，25 属四倍的范围，但靠近向三倍变化的一侧，它按口诀是四倍，即 100A。但实际不到四倍（按手册为 97A）。而 35 则相反，按口诀是三倍，即 105A，实际是 117A。不过这对使用的影响并不大。当然，若能胸中有数，在选择电缆线截面时，$25mm^2$ 的不让它满到 100A，$35mm^2$ 的则可以略微超过 105A 就更准确了。

同样，$2.5mm^2$ 的导线位置在五倍的最始（左）端，实际便不止五倍〈最大可达 20A 以上〉，不过为了减少电缆线内的电能损耗，通常都不用到这么大，手册中一般也只标 12A。

【例 4】 计算 VLV－3×50 电缆载流量。

解 根据口诀

电缆载流量＝3×35＝105（A）

【例5】 计算10kV、YJV22－120，导线截面$120mm^2$铜芯电缆的载流量。

解 铜电缆可以直接按口诀计算，即

铜芯电缆的载流量＝120×2＝240（A）

口诀84 直接埋地电缆的敷设要点

直接埋地用铠缆，零点七米为最浅。
车行道下或农田，一米以上保安全。
上下点一软土沙，再把护板上面加。
回填素土需夯实，地面标桩五十数。
遇有接头和转弯，再把明显标桩添。
穿越地面或路面，要用护管口封严。
施放电缆留余缆，数值就在百二间。

说明

GB 50168—2006《电气装置安装工程 电缆线路施工及验收规范》规定：

（1）直接埋在地下的电缆一般使用铠装电缆。电缆表面距地面的距离不应小于0.7m。穿越农田或在车行道下敷设时不应小于1m。

直埋电缆的上、下部位应铺以不小于100mm

厚的软土沙层，并加盖保护板，其覆盖宽度应超过电缆两侧各 50mm，保护板可采用混凝土盖板或砖块。

（2）直埋电缆在直线段每隔 50～100m 处、电缆接头处、转弯处、进入建筑物等处，应设置明显的方位标志或标桩。

（3）电力电缆敷设应留有一定备用余缆，一般应为线路长度的 2%左右。对于长度 50m 以下的电缆，至少应留有 2m 余缆。

口诀85　电缆允许弯曲半径速算法

电缆敷设要转弯，转弯过急伤绝缘。
橡皮电缆有铠装，十倍直径要以上。
塑料绝缘电力缆，有铠十二无加三。
油浸纸介电力缆，十五、二十铠分辨。

说明

在施工过程中，如果过度弯曲电力电缆，就会损伤其绝缘、线芯和外部包皮等。因此，相关规程规定电缆的弯曲半径不得小于其直径的 6～25 倍。具体的弯曲半径应根据产品说明书或地区标准规定。无说明书，也可参照表 4-3。

表 4-3　　多芯电缆最小弯曲半径

电缆形式		多芯电缆最小弯曲半径
橡皮绝缘电力电缆	钢铠护套	$10D$
塑料绝缘电缆	有铠装	$12D$
	无铠装	$15D$
油浸纸绝缘电力电缆	有铠装	$15D$
	无铠装	$20D$

注　D 表示电缆直径。

口诀86　电力电缆的连接要求

电缆敷设有接头，四个方面有要求。
导体连接电阻小，焊接、压接常见到。
绝缘材料同电缆，耐压强度线同高。
保证密封为绝缘，留有孔隙线受潮。
机械强度措施保，七十以上强度牢。

说明

电缆接头在制作过程中，主要包括导体连接、绝缘强度、防水密封和机械保护四个方面。

(1) 导体的连接。电缆芯的连接是很重要的工作，电缆线路能否安全运行，在很大程度上取决于这项工作的成功与否。导线连接的基本要求是：连接点的接触电阻要小而稳定，因此导线必须采用压接或焊接，不论采用哪种方法连接，其接触电阻都不应大于同长度电缆电阻值的 1.2 倍。

(2) 绝缘强度。电缆接头用的绝缘材料，最好是与该电缆的绝缘介质完全一样。因为同样的介质可以减少电场的不均匀性，从而减轻绝缘所受的应力和避免局部游离而损伤。电缆头的耐压强度不应低于电缆本身的电气强度。

(3) 密封性。电缆头在整个运行中必须是密封的，否则电缆油会漏出来使绝缘干枯、绝缘性能下降；同时外部潮气也很容易侵入电缆内部而导致电气强度急剧下降，所以无论是电缆接头还是终端头，都要求不渗、不漏、不龟裂、无孔隙、整体性强。

(4) 机械强度。电缆芯的连接除满足上述要求外，还应具有一定的机械强度，以抵御可能遭到的机械应力（包括外力损伤和短路时的电动力），其抗拉强度一般不低于电缆强度的 70%。

口诀87　10（6）kV 电力电缆电容电流的估算

电缆线路求容流，长度、系数相乘求。

十千伏级按长算，六千伏级零点六。

说明

电缆线路相当于一只大电容，它的线芯对地电容较大，线路越长，电容电流越大。对于较普遍的10（6）kV高压电缆电容电流，可用该口诀简便估算。该口诀直接给出了利用电缆长度计算电容电流的方法：以电缆长度（km）和系数相乘即得电容电流。

10kV电力电缆的电容电流约为电缆千米数，也就是说系数是1。

6kV电力电缆的电容电流为电缆千米数×0.6，也就是说系数是0.6。

速算举例

【例1】 有一条10kV、70mm^2、10km长的电力电缆，求其电容电流。

解 根据口诀“十千伏级按长算”得

$$10\times1=10\ (A)$$

【例2】 有一条5km长、6kV电力电缆，求其电容电流。

解 根据口诀“六千伏级零点六”得

$$5\times0.6=3\ (A)$$

口诀88 电力电缆线路故障的原因

电缆线路出故障，下列原因分析详。
机械损伤第一位，安装、外力防车辆。
绝缘受潮为第二，接头进水质不良。
电缆中间、头终端，工艺不良留隐患。
绝缘老化和变质，过热或内有气隙。
电解化学起反应，铅包腐蚀出问题。
大气内部过电压，电缆头部承压差。
材料缺陷三方面，电缆、附件、管不善。

说明

(1) 机械损伤。主要是指外力作用造成的电缆损伤。这主要是由于车辆振动等机械作用，使电缆变形，电缆变形导致弯曲过度，损坏了内绝缘或导致绝缘内部产生气隙。

(2) 绝缘受潮。中间接头或终端头因结构上下密封或安装质量不好而造成绝缘受潮、进水；制造电缆包铅时留下砂眼或裂纹等缺陷，也会使电缆受潮等。

(3) 中间接头、终端头的设计和制作工艺问题。剥离半导体时，损坏内绝缘或绝缘表面有微粒、灰尘等杂质；电缆头密封不良，使绝缘内部有水分，导致绝缘受潮；电缆接头工艺不标准，密封不规范，造成接地；制作环境湿度偏大，引起制作部位（电缆头）绝缘整体性受潮；电缆接地出现错误，导致接地线形成环流或断裂。

（4）绝缘老化变质。电力电缆绝缘要受到伴随电作用带来的热、化学及机械作用，从而使绝缘介质发生物理及化学变化，使介质的绝缘水平下降。

电缆过热也会加速电缆老化。造成电缆过热的原因有很多。内因是电缆绝缘内部气隙游离造成局部受热，从而使绝缘炭化。外因是安装在电缆密集地区、电缆隧道等处的电缆，穿在干燥管中的电缆以及与管道接近的电缆，会因电缆过负荷或散热不良，而使绝缘加速损坏。

（5）护层腐蚀。由于电解作用或化学作用使电缆铅包腐蚀，因腐蚀性质和程度的不同，铅包上有红色、黄色、橙色和淡黄色的化合物或类似海绵的细孔。

（6）过电压造成击穿。大气过电压和内部过电压使电缆绝缘所承受的应力超过允许值而造成击穿。而且对实际故障进行分析表明，许多户外终端头故障是由于大气过电压引起的。

（7）材料缺陷。材料缺陷主要表现在三个方面。一是电缆制造的问题，主要有包铅（铝）留下的缺陷，在包缠绝缘过程中，绝缘上出现褶皱、裂损、破口和重叠间隙等缺陷；二是电缆附件制造上的缺陷，如材料耐压不够、损伤等；三是对绝缘材料维护管理不善，造成制作电缆头和中间接头绝缘材料受潮、脏污和老化。

口诀89　电力电缆线路的故障处理步骤

电力电缆出事故，确定故障分三步。
故障性质先确定，短路、闪络和断路。
根据性质选仪器，初步测定故障距。
仪器测距有误差，再用声测跨步压。

说明

第一步：电缆故障性质的确定。测试故障之前要确定：故障电阻是低阻，还是高阻；是闪络性，还是泄漏型故障；是开放性的，还是封闭型的；是接地、短路、断线，还是它们的混合；是单相、两相，还是三相故障。

判断故障性质最好用万用表确定是高阻还是低阻故障，以确定测试方法。

第二步：粗测。利用低压脉冲法先测定被测电缆的全长和短路、断路故障的距离。对于高阻故障，可用高压智能电桥、高压闪络法（电流取样法、电压取样法、二次脉冲法）测出故障点距测试端的距离。之所以称为粗测，是因为无论何种方法测出的数值仅表示被测电缆（故障）的地下长度，由于地下的预留长度不能精确估计，此长度不能代表地面的距离，只能算是故障点的大致范围。

第三步：精确定位。测寻电缆的埋设路径，便于在电缆的正上方进行精确定位。对电缆施加冲击高压（或脉动高压），利用故障点的放电声波，在粗测故障距离范围内，用声测法（声磁同步法）或跨步电压法进行精确故障点定位。

口诀90　电力电缆线路的故障类型

电力电缆出故障，先把类型分辨详。
低阻、高阻和开路，时隐时现闪络障。
高压电缆多高阻，又分泄漏和闪络。
低压电缆故障三，接地、短路和断线。

说明

根据故障电阻与击穿间隙情况，电缆故障可分为低阻、高阻、开路与闪络性故障。

(1) 低电阻接地或短路故障。电缆线路一相导体对地或数相导体对地或数相导体之间的绝缘电阻低于正常阻值较多，而导体连续性良好。常见类型有单相接地、两相短路、两相短路接地、三相短路接地等。

（2）高电阻接地或短路故障。与低电阻接地或短路故障相似，但区别在于接地或短路的电阻大于100kΩ而芯线连接良好。常见类型有单相接地、两相短路、两相短路接地、三相短路接地等。

（3）开路故障。电缆各相导体的绝缘电阻符合规定，但导体的连续性试验证明有一相或数相导体不连续，或虽未断开但工作电压不能传输到终端，或虽然终端有电压但负载能力较差。常见类型有单相断线、两相断线、三相断线。

（4）闪络故障。低电压时电缆绝缘良好，当电压升高到一定值或在某一较高电压持续一定时间后，绝缘发生瞬时击穿现象。常见类型有单相闪络、两相闪络、三相闪络。

（5）多年的实际工作经验中，发现高压电缆和低压电缆的故障各有许多不同之处，高压电缆故障多以运行故障为主，且大多数是高阻故障，而高阻故障又分泄漏和闪络两大类型；而低压电缆故障只有开路、短路和断路三种情况（高压电缆也包括这三种情况）。

无论是高压电缆或低压电缆，在施工安装、

运行过程中经常因短路、过负荷运行、绝缘老化或外力作用等原因造成故障。电缆故障可概括为接地、短路、断线三类，其故障类型主要有以下几方面：

(1) 三芯电缆一芯或两芯接地。

(2) 二相芯线间短路。

(3) 三相芯线完全短路。

(4) 一相芯线断线或多相断线。

对于直接短路或断线故障，用万用表可直接测量判断，对于非直接短路和接地故障，用绝缘电阻表摇测芯线间绝缘电阻或芯线对地绝缘电阻，根据其阻值可判定故障类型。

口诀91 电力电缆故障类型判断

电缆故障快查找，先测电阻大和小。
线芯之间和对地，百千以下电阻低。
低于正常超百千，电缆高阻性接地。
线芯不通有断线，多随接地共相伴。
闪络故障有放电，电缆终端和中间。

说明

故障性质的判定，就是确定故障电缆电阻是高阻，还是低阻；是闪络，还是封闭性故障；是接地、短路、断线，或单相、两相，还是三相故障。

根据电缆故障性质的判定，可以采取相应的试验手段以便于快速、准确地测定电缆故障点。

电缆发生故障后，首先确定故障的性质，然后才能确定用何种方法进行故障测寻。否则，心中无数，盲目进行测寻，不但测不到故障点，而且会拖延抢修故障的时间，甚至因测寻方法不当而损坏仪器。

确定电缆故障类型的方法是用绝缘电阻表在线路一端测量各相的绝缘电阻。一般根据以下情况确定故障类型：

(1) 当摇测电缆一芯或几芯对地绝缘电阻，或芯与芯之间绝缘电阻低于 100kΩ 时，为低电阻接地或短路故障。

(2) 当摇测电缆一芯或几芯对地绝缘电阻，或芯与芯之间绝缘电阻低于正常值很多，但高于 100kΩ 时，为高电阻接地故障。

(3) 当摇测电缆一芯或几芯对地绝缘电阻较高或正常时，应进行导体连续性试验，检查是否有断线，若有即为断线故障。

(4) 当摇测电缆有一芯或几芯导体不连续，且经电阻接地时，为断线并接地故障。

(5) 闪络性故障多发生于预防性耐压试验，发生部位大多在电缆终端和中间接头。闪络有时会连续多次发生，每次间隔几秒至几分钟。

口诀92　电力电缆故障的初步测试方法

电力电缆出故障，五种类型辨端详。
准确找到故障点，对症下药省时间。
绝缘电阻一百欧，低压脉冲反射法。
电阻小于一百千，电桥、冲闪测障点。
电阻大于一百千，直闪、冲闪找障点。
三相短路并接地，低脉、电桥查仔细。
导线故障不接通，查找方法低脉冲。
闪络故障有击穿，直闪、冲闪查障点。

说明

电桥法和脉冲法是电缆线路故障测距（故障点初测）的两种方法，前者应用历史悠久，具有使用方便、测试误差较小的优点；后者在近 20 多年来技术发展迅速，并应用现代微电子技术，使电缆故障测试向智能化方向发展。这两种方法可根据电缆故障性质和其他条件选择，对一条电缆线路故障，也可同时用两种方法测试，以利于对测试结果进行比较、分析和判断。

过去使用的仪器设备有 QF1－A 型电缆探测仪、DLG－1 型闪测仪、电缆路径仪及故障定点仪等。在 20 世纪 70 年代以前，广泛使用的电缆故障测试方法是电桥法，包括电阻电桥法、电容电桥法、高压电桥法。这种测试方法误差较大，对某些类型的故障无法测量，所以目前最为流行的测试方法是闪测法，它包括冲闪和直闪，最常用的是冲闪法。冲闪测试精度较高，操作简单，安全可靠。其设备主要由两部分组成，即高压发生装置和电流脉冲仪。高压发生装置用来产生直流高压或冲击高压，施加于故障电缆上，迫使故障点放电而产生反射信号。电流脉冲仪用来拾取反射信号测量故障距离或直接用低压脉冲测量开路、短路或低阻故障。下面以故障点电阻为依据简述一下测试方法：

（1）当故障点电阻等于无穷大时，用低压脉冲法测量容易找到断路故障。一般来说，纯粹性断路故障不常见到，通常断路故障为相对地或相间高阻故障或者相对地或相间低阻故障并存。

（2）当故障点电阻等于零时，用低压脉冲法测量短路故障容易找到，但实际工作中遇到这种故障很少。

（3）当故障点电阻大于零且小于 100Ω 时，用低压脉冲法测量容易找到低阻故障。

(4) 闪络故障可用直闪法测量，这种故障一般存在于接头内部，故障点电阻大于100Ω，但数值变化较大，每次测量不确定。

(5) 高阻故障可用冲闪法测量，故障点电阻大于100kΩ且数值确定。一般当测试电流大于15mA，测试波形具有重复性且可以相重叠，同时一个波形有一个发射、三个反射且脉冲幅度逐渐减弱时，所测的距离为故障点到电缆测试端的距离，否则为故障点到电缆测试对端的距离。

电缆故障的类型、特点和测寻方法见表4-4。

表4-4　电缆故障的类型、特点和测寻方法

常见故障类型		特点	测寻方法
接地故障	低电阻	绝缘电阻小于100Ω	低压脉冲反射法
		绝缘电阻大于100Ω，但小于100kΩ	电桥法，冲闪法
	高电阻	绝缘电阻大于100kΩ	直闪法，冲闪法
	三相短路	三相短路接地	低压脉冲反射法，电桥法（借用回路）
断线故障		导体有一相或几相不连续	低压脉冲反射法
闪络故障		在较高电压时产生瞬时击穿	直闪法，冲闪法

电缆故障测试技术水平的提高，应针对不同的故障性质采取不同的方法，还要不断引进新技术、新设备，同时也要在新设备上摸索经验，开发新的功能，如现采用的发音频信号给电缆，在故障点接收信号的测试技术，以及利用 T16/910 电缆故障测试仪的 SDC 系列高智能电缆故障闪测仪对故障点的精确定位。这些设备可以使其测量误差控制在几十厘米以内，直接找到故障点进行处理，提高了故障测寻的效率。

口诀93 电力电缆故障点的精确定位

电缆故障精测点，两种方法记心间。
金属接地缆护层，跨步电压定点精。
冲击放电声测法，其他故障都能测。

说明

应用仪器设备进行电缆故障测距有一定误差，电缆线路图纸资料也可能存在一定误差。因此，在电缆故障测距（初测）之后，需应用声测或跨步电压等方法进行故障精确定位，以寻求出故障点的确切位置。

（1）冲击放电声测法。冲击放电声测法（简称声测法）是利用直流高压试验设备向电容器充电、储能。当电压达到某一数值时，球间隙击穿，高压试验设备和电容器上的能量经球间隙向电缆故障点放电，产生机械振动声波，凭人耳的听觉予以判断。声波的强弱决定于击穿放电时的能量。能量较大的放电，可以在地平面辨别，能量小的就需要用灵敏度较高的拾音棒（或听棒）沿初测范围加以辨认。

声测试验主要设备及其容量为：调压器和试验变压器容量 1.5kVA，高压硅堆额定反峰电压为 100kV，额定整流电流为 200mA。球间隙为 10～20mm，电力电容器为 2～10μF。

(2) 跨步电压法。由于电缆金属性接地故障的短路（接地）电阻很低，约为几欧或几十欧，如用声测法定点，往往听不到声音，这时可用跨步电压法定点。

利用脉冲跨步方式对低压电缆故障进行定向与定位，该方法接线简单、操作方便，可对直埋电力电缆故障快速定向、精确定点。它是利用电缆沿线的土壤中或地面产生沿电缆走向依次递减或递增的“跨步”电压脉冲，确定故障点的方向和具体位置。因为根据以往的经验，低压电力电缆故障中，90%以上的故障点的电缆护层都是破损的，这样即可利用在电缆一端施加一个周期的脉冲信号，沿电缆敷设走向快速确定故障点的方向和精确确定故障点的位置。一般土壤情况下，在距离故障点 20～30m，就可以指示故障点方向，在水泥或硬化路面条件下，在距离故障点 10m 处，就可以指示故障点方向。

与现有技术比较，利用脉冲跨步方式对低压电缆故障进行定向与定位的方法的优点是：①可以大范围确定故障点的方向，节省测试故障的时间；②施加在故障电缆上的中压脉冲并不要求被试电缆在故障点产生续弧，并且脉冲宽度仅有几毫秒到几十毫秒，因此不会对电缆造成损伤；③所使用的测量设备使用方便、操作简单，并且直观；④定位精度高。利用发光二极管束或指针式表头指示故障点的方向和该电压脉冲的大小，根据仪器上的指示方向，沿电缆探测，即可迅速、精确地找到故障点。

口诀94 10kV 交联电力电缆线路的绝缘电阻

交联电缆主绝缘，摇表二千或五千。
绝缘电阻值自定，参考千米为一千。
温度升高值变小，每升十度降一半。

每降十度升点三，阻值长度反比算。

外护绝缘千米一，内护绝缘点五算。

说明

绝缘电阻是反映电线电缆产品绝缘特性的主要指标。它反映了线缆产品承受电击穿或热击穿能力的大小，与绝缘的介质损耗以及绝缘材料在工作状态下的逐步劣化等均存在着极为密切的关系。产品的绝缘电阻主要取决于所选用的绝缘材料，但工艺水平对绝缘电阻的影响很大，因此测定绝缘电阻是监督材料质量和工艺水平的一种方法。测定绝缘电阻可以发现工艺的缺陷，同时也是研究绝缘材料的品质和特性、研究绝缘结构以及产品在各种运行条件下的使用性能等各方面的重要手段。对于已投入运行的产品，绝缘电阻是判断产品品质变化的重要依据之一。

电力电缆主要的试验项目为直流泄漏电流及直流耐压试验，如绝缘电阻不良，一般均可在泄漏电流试验中发现，至于绝缘电阻值，只为耐压试验前后的比较作参考。

电力电缆线路的试验周期为 3 年。若电缆运行 10 年以上，试验周期为 1 年。

预防性试验标准为：

(1) 用500V绝缘电阻表测量电缆外护套的绝缘电值不低于1MΩ/km。

(2) 用500V绝缘电阻表测量电缆内衬层绝缘电阻值不低于0.5MΩ/km。

(3) 用2500V或5000V绝缘电阻表测量电缆主绝缘电阻值不低于1000MΩ/km。

(4) 三相之间，绝缘电阻值比较一致；若不一致，则不平衡系数不得大于2.5。

(5) 本次测定值与上次测定的数值，换算到同一温度下，其值不得下降30%以上。

(6) 电缆绝缘电阻的数值随电缆的温度和长度而变化。为了便于比较，应换算为20℃时单位长度电阻值，一般以每千米电阻值表示，即

$$R_{20}=R_tK_tL$$

式中 R_{20}——在20℃时，每千米电缆的绝缘电阻，MΩ/km；

R_t——长度为L的电缆在t℃时的绝缘电阻，MΩ；

L——电缆长度，km；

K_t——温度系数（见表4-5，20℃时系数为1.0）。

良好（合格）的电力电缆的绝缘电阻通常很高，其最低数值可按制造厂规定：新电缆，每一缆

芯对外皮的绝缘电阻（20℃时每千米电阻值），额定电压为6kV及以上时应不小于1000MΩ，额定电压为1～3kV时应不小于50MΩ。

表4-5　　电缆的温度系数

温度（℃）	0	5	10	15	20	25	30	35	40
K_t	0.48	0.57	0.70	0.85	1.0	1.13	1.41	1.66	1.92

口诀95　低压电力电缆绝缘电阻要求

交联低压电力缆，敷设之前测绝缘。
摇表电压一千伏，绝缘电阻高十兆。
一根电缆穿一管，单芯不可穿钢管。

说明

对于电力电缆的成品，过去的出厂试验是三项，即导体的直流电阻、绝缘电阻和交流耐压试验。而GB/T 12706.1—2008《额定电压1kV（U_m＝1.2kV）到35kV（U_m＝40.5kV）挤包绝缘电力电缆及附件　第一部分：额定电压（U_m＝1.2kV）和3kV（U_m＝3.6kV）电缆》里不规定测量绝缘电阻。但是生产厂和用户还是要测量它，因为它比较简单，也能大致判断出电缆的好坏程度。

低压电缆绝缘电阻测量应用 1000V 绝缘电阻表测量，其绝缘电阻 20℃ 时不应小于 10M/km，同时应进行温度换算。

交流四芯电缆穿入钢管或硬质塑料管时，每根电缆穿一根管子。单芯电缆不允许单独穿在钢管内。

第五章

配电设备常见故障分析及处理

口诀96　电气设备故障六种诊断方法

一问前后何现象，二看资料和现场。
三听设备异声响，四闻气味辨故障。
五摸温度和振动，六用表测最周详。

说明

1. 口问

电气设备发生故障后，向设备操作人员了解故障发生的前后情况，有利于根据电气设备的工作原理来判断发生故障的部位，分析故障的原因。了解设备病历，应询问以往有无发生过同样或类似故障，曾作过如何处理，有无更改过接线或零件等。了解设备故障发生的全过程，应询问故障发生之前有什么征兆，有无频繁启动、停业、超载等；故障发生时是什么现象，特别是故障时发生异常声音、火花、气味以及设备故障的特殊现象；当时的天气状况如何，电压是否太高或太低。如果故障是发生在有关操作期间或之后，还应询问当时的操作内容以及方法步骤。了解情况要尽可能详细和真实，这些往往是找出故障原因和部位的关键。

2. 眼看

一看现场。即仔细观察设备的外部状况或运行工况，如设备的外形、颜色有无异常，熔断器的熔体是否熔断；电气回路有无烧伤、烧焦、开路、短路，如触头烧焦、导线松脱和虚接打火等；机械部分有无损坏；更改过的接线是否正确；更换过的零件是否相符等；另外，还应注意信号显示和表计指示等。

二看图纸和有关资料。必须认真查阅与产生故障有关的电气原理图和安装接线图。看这两种图时，应先看懂弄清原理图，然后再看接线图，以“理论”指导“实践”。熟悉有关电气原理图和接线图后，根据故障现象依据图纸仔细分析故障可能产生的原因和地方，然后逐一检查。否则，盲目动手拆卸元器件，往往欲速则不达，甚至故障没查到，慌乱中又导致新的故障发生。

3. 耳听

细听电器设备运行中的声音。电器设备在运行中会有一定的噪声，但其噪声一般较均匀且有一定规律，噪声强度也较低。带病运行的电气设备的噪声也会发生变化，用耳细听往往可以区别与正常设备运行噪声之间的差异。利用听觉判断电气设备故障，可凭经验细心倾听，必要时可用耳朵紧贴着设备外壳倾听。声音是由于物体振动而发生的，如果摸清了声音的规律性，通过它就能够知道眼看不见的故障原因。以下为影响电动机响声的几种因素：

(1) 温度。电动机有些响声是随着温度的升高而出现或增强的。又有些响声却随着温度的升高而减弱或消失。

(2) 负荷。负荷对响声是有很大影响的，响声随着负荷的增大而增强，这是响声的一般规律。

(3) 润滑。不论什么响声，当润滑条件不佳时，一般都响得严重。

(4) 听诊器具。可用螺钉旋具、金属棍、细金属管、绝缘拉杆（另克杆）等；用听诊器具触到测试点时，响声变大，以利诊断。用听诊器具直接接触发响声部位听诊，叫做“实听”，用耳朵隔开一段距离听诊，叫做“虚听”，这两种方法要配合使用。虚听易产生错觉，如在电动机某侧听时，好像响声就在该侧，其实不然；用实听的方法，则可较准确地找到响声部位。

4. 鼻闻

利用人的嗅觉，根据电气设备的气味判断故障。如过热、短路、击穿故障，则可能闻到烧焦味、焦油味、火烟味和塑料、橡胶、油漆、润滑油等变热挥发的臭味。对于注油设备，内部短路、过热、进水变潮后，其油样的气味也会发生变化，如出现酸味、臭味等。

5. 手摸

用手摸设备的有关部位，根据手感的温度和振动判断故障。如设备超载，则其整体温度就会上升；如局部短路或机械摩擦，则可能出现局部过热；如机械卡阻或平衡性（机械平衡或电磁平衡）不好，其振动幅度就会加大等。另外，个别零件、连接头以及接线桩头上的导线是否紧固，用手适当振动也很容易发现问题。轻推电器活动机构，看移动是否灵活。

当然，在实际操作中还应注意遵守有关安全规程和掌握设备的特点，掌握摸的方法和技巧，该摸的才摸，不该摸的切不要乱摸，用力也要适当，以免危及人身安全和损坏设备。例如温升是电动机异常运行和发生故障的重要信号。对中小容量的电动机，检测温升多用手摸，即用手背触摸电动机外壳，如果没有发烫到要缩手的感觉，说明被测电动机没有过热；如果烫得马上缩手，难以忍受（电动机外壳温度80℃以上），则说明电动机的温度已超过了允许值。用手背而不是用手心摸电动机的外壳，是为了万一机壳带电时，手背比手心容易自然的摆脱带电的外壳。

6. 表测

用仪表对电气设备进行检查。根据仪表测量某些电参数的大小，经与正常的数值对比后，来确定故障原因和部位。常用的方法有：

(1) 测量电压法。用万用表交流电压挡测量电源、主电路线电压及接触器和继电器线圈、各控制回路两端的电压。若发现所测处电压与额定电压不相符合（超过10%以上），则是故障可疑处。

(2) 测量电流法。用钳形电流表或万用表交流电流挡测量主电路及有关控制回路的工作电流。若所测电流值与设计电流值不符（超过10%以上），则该相电路是故障可疑处。

(3) 测量电阻法。即断开电源后，用万用表欧姆挡测量有关部位电阻值。若所测电阻值与要求的电阻值相差较大，则该部位极有可能就是故障点。

(4) 测量绝缘电阻法。即断开电源，用绝缘电阻表测量电器组件和绕组对地以及相间绝缘电阻值，低压电器绝缘层绝缘电阻规定不得小于0.5MΩ。绝缘电阻值过小是造成相线与地、相线与相线，相线与中性线之间漏电和短路的主要原因，若发现这种情况，应予以着重检查。

口诀97　电气设备故障维修八先后

先动口问后动手，熟悉原理和结构。
先外后内步骤走，外部排除拆机修。
先查机械后电气，使用仪表记仔细。
先看静态后看动，通电之前细查清。
先清污垢后维修，脏污灰尘电不通。
先查电源后设备，故障多发事功倍。
先查公共后专用，能量信息无发送。
先修通病后难症，积累经验艺高精。

说明

当设备的电气系统发生故障时，不要急于动手拆卸，首先要了解该电气设备产生故障的原因、经过、范围、现象，熟悉该设备及电气系统的基本工作原理，分析各个具体电路，弄清原理中各级之间的相互联系以及信号在电路中的来龙去脉，仔细分析。应善于透过现象看本质，善于抓住事物的主要矛盾。

(1)“先动口问后动手，熟悉原理和结构”是指：对于有故障的电气设备，不应急于动手，应先询问产生故障的前后经过及故障现象。对于生疏的设备，还应先熟悉电路原理和结构特点，遵守相应规则。拆卸前要充分熟悉每个电气部件的功能、位置、连接方式以及与四周其他器件的关系，在没有组装图的情况下，应一边拆卸，一边画草图，并记上标记。

(2)“先外后内步骤走，外部排除拆机修”是指：应先检查设备有无明显裂痕、缺损，了解其维修史、使用年限等，然后再对机内进行检查。拆前应排除周边的故障因素，确定为机内故障后才能拆卸，否则，盲目拆卸，可能将设备越修越坏。

(3)“先查机械后电气，使用仪表记仔细”是指：只有在确定机械零件无故障后，再进行电气方面的检查。检查电路故障时，应利用检测仪器寻找故障部位，确认无接触不良故障后，再有针对性地查看线路与机械的运作关系，以免误判。

(4)“先看静态后看动，通电之前细查清”是指：首先在不通电的情况下，对电气设备进行检修，然后再在通电情况下，对电气设备进行检修。对许多发生故障的电气设备检修时，不能立即通电，否则会人为扩大故障范围，烧毁更多的元器件，造成不应有的损失。因此，在故障机通电前，先进行电阻测量，采取必要的措施后，方能通电检修。

如在设备未通电时，判定电气设备按钮、接触器、热继电器以及熔丝的好坏，从而判定故障的所在。通电试验，听其声、测参数、判定故障，最后进行维修。如在电动机缺相时，若测量三相电压值无法判别时，就应该听其声，单独测每相对地电压，方可判定哪一相缺损。

(5)“先清污垢后维修，脏污灰尘电不通”是指：对污染较重的电气设备，先对其按钮、接线点、接触点进行清洁，检查外部控制键是否失灵。许多故障都是由脏污及导电尘块引起的，一经清洁故障往往会排除。

(6)“先查电源后设备，故障多发事功倍”是指：电源部分的故障率在整个故障设备中占的比例很高，所以先检修电源往往可以事半功倍，快速找到故障点。

(7)“先查公共后专用，能量信息无发送”是指：任何电气系统的公用电路出故障，其能量、信息就无法传送、分配到各具体专用电路，专用电路的功能、性能就不起作用。如一个电气设备的电源出故障，整个系统就无法正常运转，向各种专用电路传递的能量、信息就不可能实现。因此，遵循先公用电路、后专用电路的顺序，就能快速、准确地排除电气设备的故障。

(8)“先修通病后难症，积累经验艺高精”是指：电气设备经常容易产生相同类型的故障就是“通病”。由于通病比较常见，积累的经验较丰富，因此可快速排除，这样就可以集中精力和时间排除比较少见、难度高、古怪的疑难杂症，简化步骤，缩小范围，提高检修速度。

总结经验，提高效率：电气设备出现的故障五花八门、千奇百怪。任何一台有故障的电气设备检修完，应该把故障现象、原因、检修经过、技巧、心得记录在专用笔记本上，学习掌握各种新型电气设备的机电理论知识、熟悉其工作原理、积累维修经验，将自己的经验上升为理论。在理论指导下，具体故障具体分析，才能准确、迅速地排除故障。只有这样才能把自己培养成为检修电气故障的行家里手。

口诀98　低压电器真伪识别要点

一看包装标示详，生产厂家联系上。

二看外观做工细，喷漆、塑壳不走样。

三看同型称重量，偷工减料差斤两。

四看内在件质量，冒牌假货料走样。

触点本为银合金，假冒改为铜镀银。

弹性零件用紫铜，改为黄铜事故生。

说明

低压电器一般是指在交流电 380V 或直流电 250V 以下的配电线路中使用的各类电器。它使用量大且应用面广，与企事业单位和千家万户关系密切。而市场上假冒伪劣的低压电器难免混入其中，劣质低压电器是以回收塑料和劣质铜材为原材料，通过偷工减料加工而成，完全达不到国家标准规定的要求，轻则断电跳闸，重则引起短路，严重的还会引发火灾或触电伤亡事故。

（1）看包装。真货的包装上标有产品型号、规格、数量、出厂日期、检验员号。有使用技术参数的产品均附有使用说明书和检验合格证，包装盒印刷制作工整。而假冒产品包装大小不一，所附印刷品的印刷质量差，有的还没有说明书和合格证，甚至不标注生产厂家。

（2）看外观。冒牌货由于受加工条件限制，大多外观不良，塑壳歪扭、表面有缺陷、厂牌型号等字体不工整；金属外壳则大小不一、喷漆不匀、标牌制作粗糙。

（3）称质量。同型号产品的真货单个质量都是一致的，而仿冒产品由于偷工减料或采用代用材料，所以质量与真货有差别，只要查阅国家技术标准和生产厂的技术文件，然后一称重就可以辨别真伪。如果是电缆、电线等产品，假冒产品一般包装量都不足，标明100m，而实际长度往往达不到这个数值。

(4) 看内在质量。真货严格按照技术要求选用材料，一经定型，决不使用代用材料；而假冒产品为图厚利，往往使用廉价劣质材料。如空气开关或交流接触器中，真货所有的触头材料都采用银合金；而假冒产品用铜镀银代替。有的假冒产品以黄铜代替紫铜，本来制造弹性零件应该用紫铜却改用黄铜。这样的假冒伪劣产品不能保证电器的正常导电和耐热，往往会导致事故发生。

口诀99 避雷器绝缘电阻

金属氧化避雷器，绝缘电阻兆欧计。
定期测量建档案，数值比较查隐患。
三五以上五千表，二千五百不能小。
三五及下压减半，一千以上电阻见。
一千伏下五百表，二兆以上不可小。
基座绝缘测电阻，兆欧不小数值五。

说明

目前，电网运行的避雷器多为金属氧化物避雷器，它具有保护特性好、通流容量大、动作反应快、结构简单、体积小等优点，并已形成了系列产品。

根据 GB 50150—2006《电气装置安装工程电气设备交接试验标准》，金属氧化避雷器绝缘电阻测量应符合下列规定：

(1) 35kV 以上电压：用 5000V 绝缘电阻表，绝缘电阻不小于 2500MΩ。

(2) 35kV 以下电压：用 2500V 绝缘电阻表，绝缘电阻不小于 1000MΩ。

(3) 低压（1kV 以下）：用 500V 绝缘电阻表，绝缘电阻不小于 2MΩ。

(4) 基座绝缘电阻不低于 5MΩ。

口诀100 配电变压器绝缘电阻测量合格标准

绝缘电阻应多高，速算方法可记牢。
温度七十基准算，每减十度增一半。
十千伏级为四十，三五千伏五十算。
注意选用兆欧表，二五一千不混淆。

说明

(1) 测量变压器绕组和相关电器组件（引接线和绝缘套管等）的绝缘电阻，并根据测量结果判断它们的绝缘状态和运行情况，及时发现隐患并排除，避免发生较大的事故。

(2) 变压器的绝缘电阻与绕组的温度有关，一般情况下，温度升高时，绝缘电阻降低，反之绝缘电阻增加。

“温度七十基准算，每减十度增一半。十千伏级为四十，三五千伏五十算”是指：在温度为 70℃时，10kV 级的变压器绝缘电阻应不小于 40MΩ；35kV 级的变压器绝缘电阻应不小于 50MΩ；低于 70℃时，每减少 10℃，绝缘电阻的最限值增加前一级数值的一半。例如 10kV 级的变压器 70℃ 时为 40MΩ，则 60℃时为 40MΩ+40MΩ/2=60MΩ。

表 5-1 给出了一些新出厂油浸式电力变压器绝缘电阻允许值，可供运行检测或修理后检查时参考。

表 5-1　10kV 油浸式电力变压器绝缘电阻允许值　MΩ

温度（℃） 测量项目	10	20	30	40	50	60	70	80
一次对二次及地	450	300	200	130	90	60	40	25
二次对地	450	300	200	130	90	60	40	25

在实际测量判断时，主要还应与同类变压器或同一变压器历次测量结果相比较，如减少较多，则

应考虑变压器的绝缘是否出现了问题。

(3) 10kV配电变压器可使用1000～2500V绝缘电阻表，35kV变压器应使用2500V绝缘电阻表。

口诀101 配电变压器高压侧熔丝熔断故障原因

熔丝保护变压器，发生熔断细分析。
熔丝规格选得小，质劣、安装不注意。
低压引线有短路，同时熔断线路异。
配变内部有短路，同时熔断两相丝。
雷电冲击遭破坏，接地、避雷有问题。
套管破裂或闪络，对地放电断熔体。

说明

配电变压器高压侧熔丝熔断的原因主要有以下几个方面：

(1) 高压熔丝额定电流选择过小，甚至小于配电变压器的额定电流，在正常运行情况下可能发生熔断。

(2) 熔丝质量不良，熔件与导流部分压接不牢而发生熔断。安装方法不当，将熔丝拉伤而演变成熔断。由于安装工艺不良引起的熔断，熔丝烧伤的痕迹不明显，通过对已熔断熔丝断口的检查，就可以初步判定是属于哪类安装质量问题。

(3) 配电变压器高、低压侧引线或套管等处短路引起熔断。配电变压器低压引出线安装质量不良或外力破坏，可能引起短路而导致高压熔丝熔断。

(4) 因配电变压器内部故障而发生熔断。发生这类故障，一般都是同时熔断两相，三相同时熔断比较少见。熔断的熔丝烧伤比较严重。

(5) 低压线路短路引起的熔断。由于低压线路短路电力过大和熔丝特性不良，致使在低压熔丝熔断的同时，高压熔丝也熔断。

口诀102 配电变压器低压侧熔丝熔断故障原因

熔丝熔断原因找，熔体规格选的小。
质劣受损易裂断，负荷过大超时间。
低压线路有接地，相间短路更危险。

说明

(1) 熔片（丝）选择过小，熔断器瓷托压接熔片处表面不平整有氧化膜或压接不实；熔片安装方法不当将熔片拉伤；用两片或几片熔片重合在一起代替容量较大熔片，因接触电阻不同，各熔片不可能按完全容量分配电流导致某个熔片先熔断，余者随即熔断。

（2）由过负荷引起的熔断。配电变压器过负荷达到一定程度，低压熔片可能熔断一相，也可能熔断两相，三相全部熔断比较少见。过负荷熔断点多在中间，也有发生在压接处的（与表面接触不良有关）。熔断处没有电弧烧伤的明显痕迹，熔片是由于过热而逐步熔断的。

（3）低压侧发生短路故障而使熔片熔断。由于低压线或接户线混线及外力影响致使短路，配电变压器低压熔片对应熔断，属于低压短路熔断的，熔片烧伤严重，甚至所剩无几，熔断器瓷托、瓷体也有明显烧伤痕迹。

口诀103 配电变压器高低压侧额定电流速算

配变电流咋估算，容量乘倍较简单。
高压百六就是安，低压就按一倍半。
额定电压为六千，高压百十来计算。

说明

三相变压器的额定容量（视在功率，S_N，单位为 kVA）、额定电压（U_N，单位为 kV）和额定

电流（I_N，单位为 A）三者之间的关系为

$$S_N = \sqrt{3}U_N I_N,$$

则 $$I_N = \frac{S_N}{\sqrt{3}} \times \frac{1}{U_N} = \frac{1}{\sqrt{3}} \times \frac{1}{U_N} S_N$$

10kV 配电变压器高压侧电压为 10kV，则

$$I_N = \frac{S_N}{\sqrt{3}} \times \frac{1}{U_N} \approx 0.06 S_N = \frac{6}{100} S_N$$

配电变压器低压侧电压为 0.4kV，则

$$I_N = \frac{S_N}{\sqrt{3}} \times \frac{1}{U_N} \approx 1.5 S_N$$

6kV 配电变压器高压侧电压为 6kV，则

$$I_N = \frac{S_N}{\sqrt{3}} \times \frac{1}{U_N} \approx 0.1 S_N = \frac{10}{100} S_N$$

该口诀即是根据上述推导得出的。经实际计算可知，按该口诀计算得出的结果和实际值相比，相差在实际值的±5%以内，可以满足工作需要。

速算举例

【例 1】 现有一台型号为 S9－200/10 的三相变压器，求其额定电流。

解 根据口诀

10kV 侧额定电流＝6/100×200＝12（A）

0.4kV 侧额定电流＝1.5×200＝300（A）

【例 2】 求 10kV、50kVA 变压器高低压侧额定电流。

解 根据口诀“高压百六就是安，低压就按一倍半”得

10kV 侧额定电流＝0.06×50＝3（A）

0.4kV 侧额定电流＝1.5×50＝75（A）

口诀 104 配电变压器高低压侧熔体选择

配变高压熔体流，容量除 10 来相求。
配变低压熔体流，容量翻番九折求。
得出电流单位安，在靠等级加或减。
高压最小有要求，不能小于三安流。

说明

（1）根据有关规定“高压熔体应按配电变压器额定电流的 1.5～2 倍选取”（本例选取 1.73 倍），得公式

$$I_{je} = (1.5-2)I_N = (1.5-2)S_N/\sqrt{3}U_{N1}$$
$$= \sqrt{3}S_N/\sqrt{3}U_{N1} \approx S_N/U_{N1}$$

式中 I_{je}——配电变压器一次侧熔体电流，A；

I_N——配电变压器一次侧额定电流，A；

S_N——配电变压器容量，kVA；

U_{N1}——配电变压器一次侧额定电压，kV。

即配电变压器高压侧保护熔体的电流，可用变压器容量比一次测电压值的方法来求。

若高压侧为10kV，口诀即变为“配变高压熔体流，容量除10来相求”。

(2) 根据配电变压器低压熔体一般按二次侧额定电流1.2～1.3倍选择，又知配电变压器0.4kV侧额定电流为其容量的1.5倍，得到公式

$$I_{e2}=(1.2-1.3)I_{N2}\approx 1.25(1.5S_N)$$
$$\approx 1.8S_N\approx 2S_N\times 0.9$$

据公式可得口诀“配变低压熔体流，容量翻番九折求”。

(3) 选择熔断器的规格，应根据计算值与熔体电流规格来决定，一般取其下限。

高压熔丝元件的额定电流规格一般为3、5、7.5、10、15、20、30、40、50、60、75、100、125、150、200等。

RT0系列熔体规格排列为5、10、15、20、30、40、50、60、80、100、125、150、200、250、300、350、400、500、600等。

(4) 高压熔体通常使用铜银合金做成的，其规格最小为3A。这正好是变压器高压侧选用的熔断器熔体最小额定电流的数值。

表 5－2 是 10～315kVA、10/0.4kV 配电变压器配用的熔断器熔体额定电流推荐值。其中变压器额定电流会因生产厂或产品型号的不同而有所不同，但相差不会超过±5%，所推荐的熔体额定电流有可能按型号规格稍有变化。

表 5－2　10/0.4kV 配电变压器配用的熔断器熔体额定电流推荐值

变压器容量（kVA）	10kV 侧		0.4kV 侧	
	额定电流（A）	熔丝额定电流（A）	额定电流（A）	熔丝额定电流（A）
10	0.58	3	14.4	15
20	1.15	3	28.9	30
30	1.73	5	43.3	50
50	2.89	7.5	72.2	80
63	3.64	7.5	91	100
80	4.62	10	115	150
100	5.77	10	144.5	150
125	7.22	15	180	200
160	9.24	20	231	250
200	11.5	20	289	350
250	14.4	25	361	400
315	18.2	30	455	500

速算举例

【例1】 计算125kVA、10/0.4kV、S9系列三相变压器的高、低压熔体电流。

解 根据口诀“配变高压熔体流，容量除10来相求”、“配变低压熔体流，容量翻番九折求”可得

10kV侧熔体电流＝12.5（A）

0.4kV侧熔体电流＝125×2×0.9＝225（A）

靠等级高压选取10A或15A，靠等级低压选取200A或250A。

【例2】 三相电力变压器额定容量为315kVA，高压端的额定电压为6kV，低压端的额定电压为400V，求算高、低压侧熔体的额定电流。

解 根据口诀

高压侧熔体的额定电流＝315÷6＝52.5（A）

低压侧熔体的额定电流＝315×1.8＝567（A）

【例3】 100kVA配电变压器，求其高低压侧熔体电流。

解 根据口诀

高压熔丝选用10A。

低压熔丝选用100×2×0.9＝180（A）。

靠等级选取150A或200A的熔断器。

口诀105 配电变压器分接开关正确调整方法

配变调压三个挡，从高到低Ⅰ、Ⅱ、Ⅲ。
操作之前要停电，安全措施备齐全。
首先取下风雨罩，分清挡位再来调。
电压过高向高调，电压若低向低挡。
按照规定来调挡，触头氧化油污脏。
反复要调五次上，接触电阻要测量。
相间不差百分四，线间为二才正常。

说明

(1) 无载调压的配电变压器，分接开关有三挡，即Ⅰ挡时，为 10 500/400V；Ⅱ挡时，为 10 000/400V；Ⅲ挡时，为 9500/400V。

当系统电压过高，超过额定电压时，反映出变压器二次侧电压高，需要将变压器分接开关调到“Ⅰ”挡位置。

当系统电压低，达不到额定电压时，反映出变压器二次电压低，则需要将变压器分接开关调至“Ⅲ”挡位置。这就是所谓的“电压过高向高调，电压若低向抵挡”。但是变压器分接开关的调整要注意相对稳定，不可频繁调整，否则将影响变压器运行寿命。

(2) 变压器分接开关的调整方法和步骤如下：

1) 因普通配电变压器是无载调压，所以调整前必须先停电，并做好相应的安全措施。

2) 旋出风雨罩上的圆头螺钉，取下风雨罩。

3) 根据电压情况，确定调节挡位。

4) 因分接开关的分接头长期在变压器中，很可能产生氧化膜和油污，容易造成调整后接触不良，所在在变换分接头时，应正、反方向转动几次，以便消除触头上氧化膜及油污，然后将分接头固定在所需的位置。

5) 为防止调整后接触不良，切换完分接头后，还应测量线圈的直流电阻。有关标准规定为：对于1600kVA及以下的变压器各相绕组电阻，相间差别一般不大于三相平均值的4%，线间差别一般不大于三相平均值的2%，测量的相间差与以前相应部位测得的相间差比较，其变化不能大于2%。

6) 调整完毕后，检查锁紧位置，盖上风雨罩，并对分接头的变换情况作好记录。

口诀106 劣质电线巧识别

细看标签印刷样，字迹模糊址不详。

用手捻搓绝缘皮，掉色、掉字差质量。

再用指甲划、掐线，划下、掉皮线一般。

反复折弯绝缘线，三至四次就折断。

用火点燃线绝缘，离开明火线自燃。

线芯常用铝和铜，颜色变暗光泽轻。

细量内径和外径，再称重量看皮松。

说明

绝缘电线使用范围极为广泛，从全国各地质监部门的抽检结果来看，其质量问题仍较为突出，因使用劣质电线、电缆而引发的火灾和触电事故时有发生。

绝缘电线俗称胶皮线，按绝缘材料可分为橡皮线和塑料（指聚氯乙烯）绝缘线两种，按线芯材料可分为铜芯线和铝芯线两种。

劣质电线有很大的危害。首先是安全性能低下。有许多电线的绝缘层不是采用正规绝缘塑料所制，而是用回收塑料制成，轻轻一剥就能将绝缘层剥开，这样极易造成绝缘层被电流击穿漏电，对使用者的生命安全造成极大威胁。其次是导电内芯明粗实细。导电内芯的粗细决定了电线对电流的负载量，电流越大，要求导电内芯越粗。许多电线的线芯实际截面积远远小于其所标明的大小。如不少电线号称线芯截面为 $4mm^2$，测量下来却仅有 $2.5mm^2$，有的甚至只有 1.5mm^2。当消费者使用这种产品时，会造成电阻过大发热，引起电气火灾。

(1)“细看标签印刷样，字迹模糊址不详”是指：看标签和绝缘外皮上的印刷字样，如果有错别字或印刷深浅不一、字样模糊，要引起注意。

(2)“用手捻搓绝缘皮，掉色、掉字差质量”是指：用手指搓揉绝缘外皮，有些劣质绝缘电线外皮容易掉色，特别是红色线更会出现这种问题。经搓揉后手指上留下线皮颜色或印在线皮上的字被擦掉的一般是劣质线。

(3)“再用指甲划、掐线，划下、掉皮线一般”是指：用指甲划、掐绝缘外皮，能划下、掐下来一块的一般是劣质线。

(4)“反复折弯绝缘线，三至四次就折断”是指：反复弯折绝缘电线，劣质线绝缘层一般材质很差，弯折 3～4 次后其绝缘层就会断裂。

(5)“用火点燃线绝缘，离开明火线自燃”是指：点燃绝缘层，离开明火后能自燃的是劣质线。

(6)“线芯常用铝和铜，颜色变暗光泽轻”是指：看线芯颜色，劣质线颜色灰暗且无金属光泽。

(7)“细量内径和外径，再称重量看皮松”是指：如果通过以上 6 种方法还不能确定，还可以测量绝缘电线外径和线芯直径，允许误差是±10%，实测数值如果超过该允许误差，基本上就是劣质绝缘电线。

口诀107 线路老化巧判断

顺着电线查外观，变暗、发硬、裂纹见。
双手弯曲线绝缘，僵硬、开裂、皮屑散。
准确方法测绝缘，兆欧不低点二间。
雨天、潮湿值可小，数值可再小一半。
根据负荷和年限，可把寿命来估算。
环境、电流两条件，一般使用二十年。
电线使用超年限，接头、线老有危险。
每年一次查巡检，发现老化及时换。

说明

电线线路老化是指电线绝缘层老化，失去绝缘功能，绝缘层老化会引起漏电，表皮的老化会与电线发热的程度、使用环境、电器负荷有关。

住宅区因电气线路老化而造成火灾、触电所占比例很大，尤其是住宅老区，由于线路多年失修，过去所选用的导线较细，随着近年来家庭用电量的剧增，导线长期在满负荷和过负荷下运行，更加速了线路绝缘的老化。为了避免电气火灾、触电事故发生，应及时更换老化的线路，更换超负载的线路。

(1) 口诀“顺着电线查外观，变暗、发硬、裂纹见。双手弯曲线绝缘，僵硬、开裂、皮屑散”是指：顺着导线观察其绝缘层，若发现绝缘层出现颜色失去光泽、变暗，变硬、裂纹、部分脱落，用双手弯曲绝缘导线时导线僵硬，甚至绝缘层开裂、脱落等，说明该导线已经出现了不同程度的老化和严重老化。

(2)“准确方法测绝缘，兆欧不低点二间。雨天、潮湿值可小，数值可再小一半”是指：比较准确地判断线路绝缘状况，可利用绝缘电阻表对电气线路进行绝缘测量。不同线路的绝缘有不同的最低容许值。例如，使用中的家庭 220V 线路，绝缘电阻最低为 0.22MΩ，雨天潮湿其数值不应小于 0.1MΩ。如果所测绝缘电阻数值小于上述数值，说明电气线路绝缘有问题。

(3)“根据负荷和年限，可把寿命来估算。环境、电流两条件，一般使用二十年”是指：电线使用期限的长短取决于电线的质量和电线安装的环境。电线主要靠外面一层包皮绝缘，时间一长，受到腐蚀性气体的腐蚀，绝缘性能逐渐降低，慢慢老化变硬、发脆或脱落，这时就不起绝缘作用了。

家用电线外表的绝缘层多用塑料和橡胶制成，使用时间长了就会老化，失去绝缘作用。一般家用电线正常情况下使用可达20年左右。

(4)“电线使用超年限，接头、线老有危险。每年一次查巡检，发现老化及时换”是指：目前很多家庭使用的电源线路是二十几年前或更早时期建房时敷设的，电线绝缘层经过长时间使用逐渐松散老化会造成轻微漏电，严重时会造成短路起火。另外，老房子设计使用的电线承载负荷小，与现代家庭电气化的要求不相适应，在过负荷情况下，电线绝缘层的老化速度加快，如果线芯放出的热量使绝缘层的温度超过250℃电线就会着火，因此必须及早更换电线。

经常定期开展线路安全检查。对电线、电器设备等每年至少要请专业人员全面彻底检查一次，特别是接头部位使用年限较长的线路，发现电线老化、破损、绝缘不良等不安全情况，要及时维修更换，才能保证用电安全。

口诀108　辨别开关插座优劣技巧

一看品牌选大厂，二查证件全和详。
三看外观做工细，四查标识全、清晰。
五掂重量辨真伪，六索发票责任追。
七去产品专卖店，精心选择用电安。

说明

随着人民生活水平的提高，最近几年电气原因引起的火灾已成为各类火灾事故之首，城乡居民住宅火灾中近80%与插座或线路有关。可见，开关插座的质量直接关系到居家安全。在家庭装修时，一定要选择优质产品，只有这样居家用电安全才有保障。

(1)“一看品牌选大厂”是指要注意品牌。据统计，国内有1500多家企业在生产开关插座产品，产品之间的质量差别巨大，由于许多普通消费者并不具备专业知识，加上对开关插座品牌的认识有限，给了不法奸商生存空间，致使假冒伪劣产品泛滥成灾。当然，大公司都很注意自己品牌的形象，对产品质量要求严格，售后服务也有保障，多数公司承诺不少于12年的品质保证。

(2)“二查证件全和详”是指要检查商品“证件”，信息要尽量详细。合格证要有产地、厂名或商标、型号或名称、出厂日期、检验员工号等。产品说明书应标明产品的使用、安装、保养办法，并附质保书。

(3)“三看外观做工细”是指检查产品外观。面板应该颜色均匀，表面光洁，无凹陷、杂色，无气泡、污渍、裂纹、肿胀、缺胶、变形、刮伤、缩水等缺陷。可视金属件无毛刺、裂痕、腐蚀痕迹、生锈及螺钉损伤等不良情形。

(4)“四查标识全、清晰”是指看产品标识。品牌标志明显，有3C、长城等认证标志。产品上应标有额定电流、额定电压、电源类别性质符号、制造商及产品编号，插座需有极性和3C标志。品牌产品的标识多数是注塑或冲压时一次成型的，标志很清晰、明显，标志歪斜、模糊的不要购买。

(5)“五掂重量辨真伪”是指：掂开关、插座质量。购买开关插座时还应掂量一下分量。只有开关插座里面的铜片及接线端子厚实，单个开关插座的分量才会重，而里面的铜件是开关插座最关键的部分，也是假冒劣质产品偷工减料的重点部位。掂在手里感觉发飘的不要购买，同时要注意：有些不良厂家在产品上加铁板增加质量。

(6)“六索发票责任追”是指：购买时索取并保存好发票。如有质量问题，可凭发票进行投诉。

(7)“七去产品专卖店”是指购买时要到品牌公司指定的销售店购买。不法销售商主要是通过调包计，将假冒或劣质产品掺进品牌开关插座产品中，或是将品牌产品的面板保留，内芯换成劣质品。所以，在购买开关插座时除了认准品牌外，最好到品牌公司的专卖店或指定销售店购买。

附录　配电线路口诀汇总

第一章　架空配电线路设计

口诀1　架空配电线路的组成

电杆、导线、绝缘子，金具、铁件不分离。
针瓶、悬垂和茶台，按照杆型来选择。
常用拉线有四种，结构各异用不同。
金具多种配套选，按规组装保安全。

口诀2　架空线路路径选择要点

方便机耕少占田，跨越要少线路短。
考虑规划和发展，施工维修要方便。
山洪、洼地、易撞段，易燃易爆离得远。

口诀3　各种转角杆型横担组装要求

各种杆型选横担，转角度数定方案。
十五度下转角杆，不做耐张双横担。
一五、四五转角杆，耐张处理双横担。
四五以上转角杆，采用耐张十字担。

口诀4　同杆架设高、低压线路横担之间的最小垂直距离

同杆高低双路线，最好来自同一源。
担间距离怎么算，最小以下数据选。
直线电杆一米二，分支转角一米远。
同杆高压与高压，零点八米上下担。

口诀5　同杆架设多回低压线路横担之间的最小垂直距离

同杆低压多路线，必须来在同电源。
保证安全感应电，担间垂距要求严。
直线电杆零点六，分支转角零点三。
低压下面架弱电，上下垂距一米半。

口诀6　10kV架空线路不同档距时最小线间距离

导线之间水平距，档距大小不同数。
档距六十零点七，五、四十去点点五。
八十档距点八五，九十加上点点五。
档距一百最好记，满足一米水平距。

口诀7　水泥电杆埋设深度

电杆埋深多合适，杆长除十加点七。
十五以上有误差，数值最准加点八。
遇有松沙和土软，稳固采用地卡盘。

口诀8　架空配电线路供电半径速算

供电线路有半径，电压高低各不同。
电压乘以一点二，即为最大供半径。

口诀9　水泥电杆的尺寸规格和各部位尺寸速算

锥形电杆求外径，选择附件需要用。
测出选点到梢距，每米增大一十四。
电杆梢径有多种，使用之前区分清。

口诀10　锥形水泥电杆的重心位置速算

吊运电杆找重心，确保安全又平稳。
重心位置怎么量，零点四米乘杆长。
加上系数零点五，即为杆底重心数。

口诀11 配电线路常用的拉线

常用拉线有四种，自、人、过路加普通。
普通拉线最常用，平衡张力起作用。
人字拉线做加强，超过十基就要用。
电杆附近有要道，水平拉线六米超。
受力不大受限杆，就要采用垂拉线。

口诀12 配电线路配置安装拉线的规定

三十度下转角杆，只打外侧一拉线。
六十度下转角杆，顺线两根拉线牵。
特殊情况添外侧，同样受力更安全。
九十度下转角杆，只打顺线两拉线。
线路尽头终端杆，顺线拉线在外边。
直线电杆超十基，人字拉线加强杆。

口诀13 拉线需用钢绞线截面的速算

线路拉线需截面，导线截面打折算。
导线材料铝绞线，拉线截面六折算。
导线钢芯铝绞线，拉线截面七折算。
二线线路再降级，二五以下不可选。

口诀14　拉线棒圆钢直径速算

圆钢材料拉线棒，直径应与线相当；
绞线截面除以四，再靠规格取向上。
九五以上稍偏大，截面除五数最佳。
铝绞导线应力小，下靠一级比较好。
安全规程规定严，十六以下不可选。

口诀15　拉线地锚埋设深度的估算

地锚埋深多合适，线棒直径乘八十。
记住单位为毫米，最小不低一千五。

口诀16　架空线路正常负荷电流的估算

架空线路铝绞线，允许电流多少安。
截面倍数把流算，铝线16六倍半。
25、五倍顺减半，95、120双为三。
顺号双双再减半，铜升温高九折算。

口诀17　测知线路电流，速算所载负荷容量

已知变电二次压，一安电流求千瓦。
四百伏为点六千，六千伏压瓦九千。
十千伏级十五千，三万五级五五千。

口诀18 10kV线路对地设施及跨越物距离要求

架空线路十千伏，保证安全对地距。
村镇距地六米五，田间野外低一米。
公路就要七米整，在加半米距轨顶。
房屋垂直要三米，垂直一半水平离。
同压交叉满两米，低压弱电相同的。

口诀19 低压架空线路对地设施及跨越物距离要求

低压对地裸导线，对地距离最关键。
公路村庄居住地，最小距离满六米。
田间野外低一米，交通困难再去一。
房屋垂直二米半，水平最小要一米。
线下弱电和树木，安全距离满一米。

口诀20 低压架空绝缘电线对地面及跨越物安全距离

绝缘导线垂直距，以下最小必满足。
集镇、村庄满六米，野外五米不小于。
建筑垂直超两米，水平距离十之一。
树梢以上零点二，水平离树零点五。

口诀21 三相四线制供电时中性线（零线）最小截面的规定

三相四线制供电，零线截面也关键。
零线截面看相线，七零三五为界限。
七零为铝三五铜，小于相等大一半。
现代电网谐波生，零线相线最好同。

口诀22 高压电力线路相序规定

高压线路三线制，三角排列或一字。
面向负荷方向计，从左向右A、B、C。
巡线、接线更方便，黄、绿、红来色标辨。

口诀23 低压三相四线制架空线的相序排列

低压四线制供电，面对负荷方向看。
从左到右顺序来，A、B、N、C依次排。
N线放置有原则，靠近墙体或电杆。

口诀24 10kV架空线路电压损失及导线截面速算

架空铝线十千伏，电压损失百分数。

电流输距积六折，除以导线截面积。
输距千米电流安，截面毫方记清楚。
已知损失求截面，选个截面试试看。

口诀25　380/220V三相四线架空线路导线截面选择

架空铝线选粗细，先求输电负荷距。
三相荷距乘以四，单相需乘二十四。
若用铜线来输电，铝线截面六折算。
抗拉抗风保安全，十六以下不可选。

口诀26　速算380V三相动力架空线路导线截面

三相动力架空线，安全经济选截面。
千瓦百米铜除五，千瓦百米铝除三。
机械强度保安全，十六以下不能选。

口诀27　10kV架空线路功率损失速算

电压十千架空线，有功损失快速算。
电流平方输距积，除以十倍截面积。
输距千米电流安，截面毫方记清楚。

口诀28 低压380/220V架空线路电压损失速算

铝线压损快速算，输距流积除截面。
三相乘以一十二，单相需乘二十六。
功率因数零点八，根据截面把数加。
十方以下可忽略，十上双双点二加。
铜线压损较铝小，相同条件铝六折。
输距千米电流安，截面毫方记心间。

口诀29 用经济电流密度选择和校核导线截面

经济电流选导线，五千小时基础算。
铝线每方点九安，低于三千加一半。
介于中间一安算，铜线一点八倍安。

口诀30 低压架空线路送电能力

二线、四线来供电，千瓦、千米荷距算。
四线不超三十八，单相六分之一算。

口诀31 高压10（6）kV架空线路送电能力的计算

高压送电容量大，要用荷矩来说话。

六千五兆负荷矩，十千十六莫再大。

口诀32 架空线路档距大小速算

城镇高压四五十，田间野外莫过百。
低压档距怎么选，略比高压少一点。
集镇村庄四五十，不超七十在田间。

口诀33 速算铝绞线、钢绞线千米质量

钢芯铝线要算快，截面系数乘起来。
七十以下乘个四，九五以上四点二。
拉线需用钢绞线，九倍截面来计算。
考虑弧垂和绑扎，百分之三裕度加。

口诀34 速算圆钢拉线棒材千米质量

钢筋直径自相乘，单位毫米要记清。
再乘以六点一七，就是钢筋每米重。

口诀35 架空线路弧垂速算要求

弧垂别名叫弛度，四个条件定得数。
导线规格和档距，最大风速和温度。

具体数值要查表，新线初伸数减小。
铝绞八折铜绞九，钢芯铝线八折五。
弧垂影响线安全，严格调整一大关。
同档尺寸严一致，防止风吹相短路。

口诀36 ϕ4.0mm（英规8号）镀锌铁线与镀锌钢绞线换算

拉线常用钢绞线，8号铁丝来替换。
相当绞线截面积，股数系数相乘积。
九股以下乘以五，十股以上六倍计。

口诀37 配电线路无功补偿容量和位置的确定

配电线路补无功，位置、容量有规定。
全线只装一组容，三分之二法则行。
补偿容量三之二，位置三分之二处。
全线装设二组容，每组五二补电容。
首端五二和五四，安装位置在此处。

第二章 架空配电线路施工

口诀38 线路挖坑要求要点

杆坑定位啥地方，根据走向找附桩。

沿线开挖马槽状，松软土层防塌方。
住宅、路旁设防护，防人掉入受损伤。
遇有岩石用爆破，炸药、雷管分别放。
十二米上设卡盘，沙土地段底盘放。

口诀39　架空线路立杆前注意事项

统一指挥明分工，指挥信号都记清。
人员均分杆两边，坑内杆下禁人站。
一点二倍画个圈，无关人员圈外站。
修整杆坑防滚动，拉绳、叉杆位定正。

口诀40　登杆工作要点

合格铁鞋登杆稳，攀登之前查杆根。
遇有冲刷和起土，上杆之前先加固。
腰里系带头戴帽，各种工具查牢靠。
使用梯子有人扶，否则设法绑牢固。
杆上有人正工作，拉线不准调和拆。
上下横担先检查，腐朽锈蚀不能踩。
检修不拆受力件，确有需要措施采。

口诀41　拉线长度与角度的确定

拉线长度现场定，近似公式简易行。

垂高平距两项加，乘八乘九除以百。
四十五度角拉线，平距乘十除七算。
低压绝缘子拉线，上下分成两个段。
以上计算线不够，得数两米加上算。

口诀42 线路拉线的组装要点

拉线组装有两种，所用金具各不同。
楔形线夹连UT，截面较小花篮丝。
为保安全中间断，上下交叉加绝缘。
固定担下点三米，电杆夹角四十五。

口诀43 拉线绝缘子的安装定位

安装位置巧计算，距地不小两米半。
简单计算要注意，离地装在线五米。

口诀44 架空线路导线连接规定要求

导线作用传电流，连接部位严要求。
三个不同不能接，档距之内一个头。
跨越铁路和公路，跨越档内无接头。
接头距离固定点，半米以上够要求。
档内铝线、铝绞线，爆压、钳压来相连。

跳线连接铝绞线，钳压、搭接、线夹连。
连接可靠有指标，强度要高电阻小。
电阻不大同长线，强度不小原九折。

口诀45 导线的搭接连接法

导线搭接弓子线，接头并好最关键。
搭接长度二百五，七十以下二百算。
同型线号绑中间，两侧缠绕拧小辫。

口诀46 导线的叉接连接法

拆开拉直做伞骨，绞紧全长三分一。
两个伞状隔根插，捏平两根二二三。
顺时方向组组缠，弃去余线钳平线。
再用同法另一端，方法步骤要记全。

口诀47 导线的压接法要点

扎紧线头线锯齐，选好线管和压模。
断头清洗涂脂膏，线穿管中露二十。
钢芯铝线钳压管，中间夹层铝垫片。
坑深、坑数有规定，导线不同数不同。
详细规定看下表，两面隔压数不少。

口诀48　架空线路放线要点

放线线架或挖坑，统一信号通信通。
交叉跨越和路口，做好措施有人守。
边放边挂用滑轮，横担、硬弯伤线芯。
转角内侧莫站人，跨下导线更不允。
严禁突然剪断线，做好措施莫蛮干。

口诀49　横担安装螺栓方向规定

螺栓穿入有方向，顺线电源受电方。
横线面向受电侧，从左到右连接上。
螺栓安装垂地放，穿入方向下到上。

口诀50　线路横担的组装要求

线路横担怎么装，离顶三十受电方。
转角分支不一样，装在张力反方向。
担下拉线零点三，留有空间好跳线。
双担安装用螺栓，露出两扣保安全。

口诀51　针式绝缘子顶部绑扎图解

短头顺时绕三绕，长头下探绕脖颈。

一圈半后上压线，从左向右十字成。
从左向右顺三绕，从右向左交叉行。
从右向左到线下，从左到右双十成。
从右向左逆三圈，从左向右三圈行。
找着短头拧几拧，断去余线绑扎成。

口诀52　针式绝缘子颈部绑扎图解

短头顺时绕三绕，长头交叉绕脖颈。
来到右侧绕三绕，从右向左再上行。
从左向右双十成，来到左侧绕三绕。
左内右上半脖径，从左向右绕三绕。
找着短头拧几拧，侧绑针瓶即完成。

口诀53　架空线路导线弧垂的施工方法

架空线路看弧垂，查出数据来定位。
五档之内定中间，六至十档定两端。
十二以上定三端，杆上绑上线模板。
先紧两边后中间，防止横担拉扭偏。
紧线开始专人看，板、线三点成一线。

口诀54　线路巡视周期

线路运行保安全，巡视周期落实严。

一月一次十千伏，一千伏下一季度。
夜间巡视每年搞，特殊巡视按需办。
故障巡视听通知，快速查处故障点。
监察巡视查重点，领导亲自每年办。

口诀55　线路巡视要点

定巡、特巡、故障巡，经验丰富要两人。
单人巡线禁攀登，夜巡线路外侧行。
大风巡线在上风，线路带电记心中。
巡线内容三方面，三面走来四面看。
围绕杆基转一转，顺着线路两头看。
发现导线落了地，八米之外报上级。

口诀56　速算架空线路保护区

电压等级十千伏，防护区域五米数。
三点五至十一万，一边五米向上添。
二十二和三十三，再把五米添一边。
额定电压五十万，一边二十保安全。

第三章　架空配电线路常见故障分析及处理

口诀57　配电线路的故障类型

配电线路不通电，三种故障查因原。

接地故障最多见，约占总数四之三。
短路故障线相连，占到故障十五间。
断路故障缺相电，百十左右占第三。

口诀58 配电线路故障检修方法

检修线路五方法，各种故障追根查。
回路分割化单元，缩小范围查因原。
回路状态断和通，一处不通故障生。
阻抗分析三状态，高阻、低阻、电阻零。
电位分析第四种，确定部位和类型。
电压、电流再分析，直到故障点查明。

口诀59 线路单相接地故障的原因

相线接触接地体，停电危及众邻里。
分析原因查重点，主要归结四方面。
线路附近树碰线，接头氧化线腐断。
外力破坏伤导线，电气元件降绝缘。

口诀60 10kV线路接地故障判断

接地故障巧判断，一低两高三不变。
负荷断线又接地，一高二低也常见。

断线、接地难分辨，用户电压分明显。
断线只有两相电，接地用户不明显。

口诀61　10kV线路故障保护动作

线路故障停了电，保护动作巧判断。
速断动作查前端，约为全长数一半。
过流动作值较小，故障较远在后边。
速断过流同跳闸，故障位于线中间。

口诀62　配电线路接地故障查找

接地故障最常见，四种方法查因原。
人工巡线较简单，判断类型查重点。
分段选线较直观，断开分路验电源。
发光正常在支线，一相无电继续选。
隐形故障不明显，绝缘摇测或登杆。
钳形电表测电缆，安全措施想周全。
手持仪表查接地，首端开始顺线移。
数值突大又变小，该段位置有接地。

口诀63　10kV线路接地故障绝缘电阻判断

线路故障测绝缘，低于四十不康健。

配变开关没拉开，三十以下不安全。
单个悬垂测绝缘，三百兆欧是界限。
针式瓷瓶五百兆，数值若低有隐患。

口诀64 配电线路接地和缺相的判断和分析

缺相要和接地辨，末端用户电压看。
断相电压低许多，接地变化不明显。
用户反映有缺相，站内监察压不平。
断线线路距离远，零克掉下也常见。
出现断相故障前，线路跳闸缺相现。
查看保护信息源，判断大致故障点。
有时过引线烧断，故障隐蔽难发现。
电笔检查细判断，断前正常点后暗。

口诀65 架空线路导线故障的原因

传输电流用导线，机械电气荷载伴。
导线混连短路生，弧垂过大或不等。
导线拉断第二种，弧垂过小线破损。
导线接头薄弱点，容易发热线烧断。
导线震动断股生，固定之处缺包层。

口诀66 线路绝缘子故障及防止措施

导线与地隔绝缘，针式瓷瓶悬垂片。
六种原因可损坏，时刻注意可防范。
瓷质粗劣质量低，雨天吸潮阻变低。
施工不良有损伤，运行击穿闪络障。
雷击内部过电压，绝缘性能变的差。
污秽严重引污闪，定期清扫多加片。
外力损伤与破坏，出现裂纹和破碎。
长期运行承高压，逐渐老化性能差。

口诀67 高压断一相线故障现象

高压熔丝一相断，低压电压怎么变。
断相电压十几伏，其余两相九折算。
电灯亮度比较暗，电机缺相后果惨。
断线点后线电压，一个正常两降半。

口诀68 带电灯负载配电变压器高、低压侧一相熔断器熔断现象

高压一相熔丝断，对应低压稍有电。
其余两相压同降，约为原数九折算。
低压一相熔丝断，断相灯灭没有电。

其余两相压正常，中线电流等相线。

口诀69 配电变压器带电动机和单相负载时低压侧断一相熔断器故障

三相四线来供电，电灯、星接电机连。
低压一相熔体断，断相电压随荷变。
断相九十左右间，另外两相压不变。
电机负载退运行，断相电压变为零。

口诀70 低压线路中段a相断线，且于电源侧导线又接地

配变Yyn接线，三相四线单相电。
一相中间断了线，接地又在电源端。
断相前后均无电，相间短路有危险。
保护跳闸熔丝断，否则绕组会烧惨。

口诀71 低压线路中段a相断线，且负荷侧导线又接地

配变Yyn接线，三相四线单相电。
一相中间断了线，接地又在负荷端。
故障点前压正常，断线点后没有电。

断点两侧测电压，二百二十左右间。

口诀72 用电笔判断380/220V制供电线路相线接地故障

配变低压三相电，出现故障电笔验。
三线只有两根亮，亮度可比平时强。
剩余一根亮度低，该相导线已接地。
若是几乎不见亮，金属接地的故障。
三相四线来供电，中点接地很关键。
接地断开或不良，一相接地更危险。
中线带电氖泡亮，人若接触命可丧。

口诀73 相线和中性线错接线的检修

单相电器接电源，相线中线不可反。
断开开关测两端，都为高位线接反。
电器外壳有带电，可能外壳接相线。

口诀74 低压验电笔判断交流单相电路故障的方法

单相电路开关合，设备怎么不工作。
相线零线都发亮，零线断裂或脱落。

若是两端都不亮，电源相线出差错。
亮灭正常查设备，内部断路断电测。

口诀75 根据熔丝熔断判断线路故障性质

熔丝熔断细心看，故障原因巧判断。
断口较小在中间，线路过载长时间。
熔丝外露全不见，严重短路故障点。
压钉附近小断口，螺钉松动没压严。

口诀76 10kV架空线路绝缘电阻测量

电力线路测绝缘，先把摇表电压选。
一千以上二千五，一千以下选一千。
三至五年测一次，留好记录查缺陷。
一般大于一百兆，长度、湿度值改变。
遇有平行和交叉，感应电压不能测。
做好措施测单个，悬垂三百柱五百。

口诀77 低压线路绝缘电阻要求

低压线路绝缘好，电阻不小点五兆。
单个元件绝缘子，电阻不小二十兆。
低压避雷绝缘好，电阻不小二个兆。

口诀78　室内线路绝缘电阻要求

室内线路保安全，每年定期测绝缘。
一般不低零点五，雨天一百除八算。
低压电器同连线，不低一兆好绝缘。

口诀79　低压三相负荷不平衡的危害及对策

三相负荷不平衡，六个方面危害生。
配变损耗显著增，出力减小容下行。
各相电压不对称，零序增大温度升。
电机效率下降多，线路损耗猛地增。
为保负荷三相平，四个方面细调整。
三组单相三相引，三相单相尽量平。
定期测量流平衡，五分之一得调整。
单相接户限长度，一百米内限五户。
单相用电电焊机，错开相别和台数。

口诀80　低压三相四线制中性线断开的危险

三相负荷不平衡，就怕运行断了零。
阻大压大电压变，家电群坏事故生。
配变中点断了线，零线带电留隐患。
为防配变中线断，加强维护增截面。

第四章 电力电缆线路常见故障分析及处理

口诀81 电力电缆的结构

电缆结构有三层，芯线、绝缘和护层。
电缆导体有两种，金属材料铝和铜。
电缆绝缘也有三，油纸、挤包、压力缆。
电缆护层分两部，包括内护和外护。
交联电缆新产品，机械、电气性能稳。

口诀82 电力电缆的型号及含义

电缆型号用字母，只要用心可记住。
聚氯乙烯为 V 字，双 V 表示有外护。
聚乙烯缆字母 Y，交联电缆加个 J。
L 为铝铜为 T，铜可省略不表示。
铠装、外被、外护层，两个数字意不同。
铠装数字 2、3、4，钢带、细、粗圆钢丝。
外护常用有两数，2、3 意义记清楚。
2 为聚氯乙烯护，聚乙烯为 3 字数。

口诀83 聚氯乙烯绝缘电力电缆的载流量速算

电力电缆求电流，截面系数相乘求。

10 下为五 100 上二，25、35 四三界。
70、95 两倍半，铝芯电缆降级算。

口诀84　直接埋地电缆的敷设要点

直接埋地用铠缆，零点七米为最浅。
车行道下或农田，一米以上保安全。
上下点一软土沙，再把护板上面加。
回填素土需夯实，地面标桩五十数。
遇有接头和转弯，再把明显标桩添。
穿越地面或路面，要用护管口封严。
施放电缆留余缆，数值就在百二间。

口诀85　电缆允许弯曲半径速算法

电缆敷设要转弯，转弯过急伤绝缘。
橡皮电缆有铠装，十倍直径要以上。
塑料绝缘电力缆，有铠十二无加三。
油浸纸介电力缆，十五、二十铠分辨。

口诀86　电力电缆的连接要求

电缆敷设有接头，四个方面有要求。
导体连接电阻小，焊接、压接常见到。

绝缘材料同电缆，耐压强度线同高。
保证密封为绝缘，留有孔隙线受潮。
机械强度措施保，七十以上强度牢。

口诀87 10（6）kV电力电缆电容电流的估算

电缆线路求容流，长度、系数相乘求；
十千伏级按长算，六千伏级零点六。

口诀88 电力电缆线路故障的原因

电缆线路出故障，下列原因分析详。
机械损伤第一位，安装、外力防车辆。
绝缘受潮为第二，接头进水质不良。
电缆中间、头终端，工艺不良留隐患。
绝缘老化和变质，过热或内有气隙。
电解化学起反应，铅包腐蚀出问题。
大气内部过电压，电缆头部承压差。
材料缺陷三方面，电缆、附件、管不善。

口诀89 电力电缆线路的故障处理步骤

电力电缆出事故，确定故障分三步。
故障性质先确定，短路、闪络和断路。

根据性质选仪器，初步测定故障距。
仪器测距有误差，再用声测跨步压。

口诀90　电力电缆线路的故障类型

电力电缆出故障，先把类型分辨详。
低阻、高阻和开路，时隐时现闪络障。
高压电缆多高阻，又分泄漏和闪络。
低压电缆故障三，接地、短路和断线。

口诀91　电力电缆故障类型判断

电缆故障快查找，先测电阻大和小。
线芯之间和对地，百千以下电阻低。
低于正常超百千，电缆高阻性接地。
线芯不通有断线，多随接地共相伴。
闪络故障有放电，电缆终端和中间。

口诀92　电力电缆故障的初步测试方法

电力电缆出故障，五种类型辨端详。
准确找到故障点，对症下药省时间。
绝缘电阻一百欧，低压脉冲反射法。
电阻小于一百千，电桥、冲闪测障点。

电阻小于一百千，直闪、冲闪找障点。
三相短路并接地，低脉、电桥查仔细。
导线故障不接通，查找方法低脉冲。
闪络故障有击穿，直闪、冲闪查障点。

口诀93 电力电缆故障点的精确定位

电缆故障精测点，两种方法记心间。
金属接地缆护层，跨步电压定点精。
冲击放电声测法，其他故障都能测。

口诀94 10kV交联电力电缆线路的绝缘电阻

交联电缆主绝缘，摇表二千或五千。
绝缘电阻值自定，参考千米为一千。
温度升高值变小，每升十度降一半。
每降十度升点三，阻值长度反比算。
外护绝缘千米一，内护绝缘点五算。

口诀95 低压电力电缆绝缘电阻要求

交联低压电力缆，敷设之前测绝缘。
摇表电压一千伏，绝缘电阻高十兆。
一根电缆穿一管，单芯不可穿钢管。

第五章　配电设备常见故障分析及处理

口诀96　电气设备故障六种诊断方法

一问前后何现象，二看资料和现场。
三听设备异声响，四闻气味辨故障。
五摸温度和振动，六用表测最周详。

口诀97　电气设备故障维修八先后

先动口问后动手，熟悉原理和结构。
先外后内步骤走，外部排除拆机修。
先查机械后电气，使用仪表记仔细。
先看静态后看动，通电之前细查清。
先清污垢后维修，脏污灰尘电不通。
先查电源后设备，故障多发事功倍。
先查公共后专用，能量信息无发送。
先修通病后难症，积累经验艺高精。

口诀98　低压电器真伪识别要点

一看包装标示详，生产厂家联系上。
二看外观做工细，喷漆、塑壳不走样。
三看同型称重量，偷工减料差斤两。

四看内在件质量，冒牌假货料走样。
触点本为银合金，假冒改为铜镀银。
弹性零件用紫铜，改为黄铜事故生。

口诀99 避雷器绝缘电阻

金属氧化避雷器，绝缘电阻兆欧计。
定期测量建档案，数值比较查隐患。
三五以上五千表，二千五百不能小。
三五及下压减半，一千以上电阻见。
一千伏下五百表，二兆以上不可小。
基座绝缘测电阻，兆欧不小数值五。

口诀100 配电变压器绝缘电阻测量合格标准

绝缘电阻应多高，速算方法可记牢。
温度七十基准算，每减十度增一半。
十千伏级为四十，三五千伏五十算。
注意选用兆欧表，二五一千不混淆。

口诀101 配电变压器高压侧熔丝熔断故障原因

熔丝保护变压器，发生熔断细分析。

熔丝规格选得小，质劣、安装不注意。
低压引线有短路，同时熔断线路异。
配变内部有短路，同时熔断两相丝。
雷电冲击遭破坏，接地、避雷有问题。
套管破裂或闪络，对地放电断熔体。

口诀102 配电变压器低压侧熔丝熔断故障原因

熔丝熔断原因找，熔体规格选的小。
质劣受损易裂断，负荷过大超时间。
低压线路有接地，相间短路更危险。

口诀103 配电变压器高低压侧额定电流速算

配变电流咋估算，容量乘倍较简单。
高压百六就是安，低压就按一倍半。
额定电压为六千，高压百十来计算。

口诀104 配电变压器高低压侧熔体选择

配变高压熔体流，容量除10来相求。
配变低压熔体流，容量翻番九折求。

得出电流单位安，在靠等级加或减。
高压最小有要求，不能小于三安流。

口诀105 配电变压器分接开关正确调整方法

配变调压三个挡，从高到低Ⅰ、Ⅱ、Ⅲ。
操作之前要停电，安全措施备齐全。
首先取下风雨罩，分清挡位再来调。
电压过高向高调，电压若低向低挡。
按照规定来调挡，触头氧化油污脏。
反复要调五次上，接触电阻要测量。
相间不差百分四，线间为二才正常。

口诀106 劣质电线巧识别

细看标签印刷样，字迹模糊址不详。
用手捻搓绝缘皮，掉色、掉字差质量。
再用指甲划、掐线，划下、掉皮线一般。
反复折弯绝缘线，三至四次就折断。
用火点燃线绝缘，离开明火线自燃。
线芯常用铝和铜，颜色变暗光泽轻。
细量内径和外径，再称重量看皮松。

口诀107　线路老化巧判断

顺着电线查外观，变暗、发硬、裂纹见。
双手弯曲线绝缘，僵硬、开裂、皮屑散。
准确方法测绝缘，兆欧不低点二间。
雨天、潮湿值可小，数值可再小一半。
根据负荷和年限，可把寿命来估算。
环境、电流两条件，一般使用二十年。
电线使用超年限，接头、线老有危险。
每年一次查巡检，发现老化及时换。

口诀108　辨别开关插座优劣技巧

一看品牌选大厂，二查证件全和详。
三看外观做工细，四查标识全、清晰。
五掂重量辨真伪，六索发票责任追。
七去产品专卖店，精心选择用电安。

参 考 文 献

[1] 杨德林. 配电线路岗位技能培训教材. 北京：中国电力出版社，2008.
[2] 殷乔民. 供电所电工知识技能速查手册. 北京：中国电力出版社，2008.
[3] 胡培生，丁荣. 配电技术与工艺培训教材：配电线路. 北京：中国电力出版社，2006.
[4] 本社. 电气装置安装工程施工及验收规范. 北京：中国计划出版社，2007.
[5] 史传卿. 供用电工人职业技能培训教材：电力电缆. 北京：中国电力出版社，2006.
[6] 殷乔民，才家刚. 电工速查速算口诀200例. 北京：中国电力出版社，2009.